THÉORIE MATHÉMATIQU[E]

DES EFFETS

DU JEU DE BILLARD,

PAR G. CORIOLIS.

PARIS,

CARILIAN-GŒURY, LIBRAIRE-ÉDITEUR

DES CORPS ROYAUX DES PONTS ET CHAUSSÉES ET DES MINES,

Quai des Augustins, N° 41.

1835.

THÉORIE MATHÉMATIQUE

DES EFFETS

DU JEU DE BILLARD.

PARIS. — IMPRIMERIE ET FONDERIE DE FAIN,
Rue Racine, n. 4, Place de l'Odéon.

PRÉFACE.

Le jeu de billard, tel qu'il est devenu aujourd'hui, par l'usage des queues propres à donner aux billes d'assez forts mouvemens de rotation, offre divers problèmes de dynamique que l'on trouvera résolus dans cet ouvrage. Je pense que les personnes qui ont des connaissances de mécanique rationnelle, comme les élèves de l'École Polytechnique, verront avec intérêt l'explication de tous les effets singuliers qu'on observe dans le mouvement des billes.

C'est après avoir vu produire ces effets par le célèbre joueur Mingaud, que j'ai essayé, il y a déjà long-temps, de les soumettre au calcul. J'avais trouvé alors ce qui fait l'objet du premier et du huitième chapitre de cet ouvrage. Depuis j'ai complété ce qui se rapporte plus spécialement au choc des billes, en ayant égard au frottement.

Je dois à l'obligeance de M. Mingaud d'avoir pu m'assurer en le voyant jouer, que les formules et les constructions qui s'en déduisent donnent des résultats conformes à l'expérience.

M. de Tholozé, gouverneur de l'École Polytechnique, a bien voulu m'indiquer divers coups compliqués dont la théorie m'a donné ensuite l'explication : ainsi c'est par lui que j'ai vu produire l'effet indiqué par les constructions des figures 31 et 67, qui sont expliquées dans le cours de l'ouvrage.

M. Poisson, dans la nouvelle édition de son Traité de mécanique, a examiné les effets du frottement sur une sphère qui se meut en ligne droite : cette question est un cas particulier de celle qu'on a à résoudre dans le jeu de billard. Le fils du célèbre Euler s'est occupé du mouvement d'une sphère sur un plan, en ayant égard au seul frottement de glissement. Son mémoire, dont je n'ai eu connaissance que depuis que j'avais déjà terminé mon travail, est inséré dans le recueil de l'académie de Berlin, année 1758. On n'y trouve de commun avec cet ouvrage qu'une des propositions que je donne dans le premier chapitre d'une manière plus simple : elle consiste en ce que la courbe décrite par le centre de la bille est une parabole, quand on ne considère que le frottement de glissement. Ce géomètre n'a pas donné le théorème au moyen duquel, même en considérant les deux frottemens, on obtient la marche de la bille lorsqu'elle finit par rouler. Pour ce qui concerne l'effet du frottement dans le choc des billes entre elles et avec la bande, et pour tout ce qui se rapporte au coup de queue incliné, je ne crois pas qu'on s'en soit encore occupé.

J'ai pensé que quelques personnes qui ne voudraient pas entrer dans le détail des démonstrations, et qui cependant auraient assez de connaissances mathématiques pour entendre le langage et les principaux signes de cette science, seraient bien aises de trouver à part un résumé des règles et des constructions fournies par la théorie : c'est pourquoi je l'ai présenté en tête de l'ouvrage. Les lecteurs qui voudraient examiner plutôt les questions sous le point de vue mathématique, pourront passer cet exposé, qui se trouve reproduit dans l'ouvrage avec les démonstrations. Néanmoins, on devra y recourir pour l'explication des planches 6, 7, 8, 9, 10, 11 et 12; elle se trouve aux pages de 32 à 39, et de 46 à 50.

TABLE

DES CHAPITRES.

EXPOSÉ

Des principales conséquences de la théorie, et des constructions qui donnent les mouvemens des billes.

———◆———

Je commencerai par définir quelques termes, et
par poser les principales notations dont je me ser-
virai.

Point d'appui de la bille. C'est le point par lequel
elle repose sur le tapis et où s'exerce le frottement.

Point supérieur de la bille. C'est le point situé à
l'opposé du point d'appui sur le diamètre vertical
passant par ce point.

*Le centre supérieur de percussion ou d'oscillation de
la bille.* C'est un point situé sur la verticale passant
par le centre à une distance au-dessus de ce centre,
égale aux $\frac{2}{5}$ du rayon.

Le centre inférieur de percussion. C'est un point situé au-dessous du centre aux $\frac{2}{5}$ du rayon.

Le premier point est le centre de percussion par
rapport à un axe de suspension passant par le point
d'appui; le second point est le centre analogue en faisant passer l'axe de suspension par le point supérieur
de la bille, c'est-à-dire par l'autre extrémité du diamètre vertical qui va au point d'appui.

Axe de rotation. C'est l'axe dont tous les points ont
la même vitesse que le centre.

La direction de cet axe de rotation est celle d'une
ligne partant du centre et dirigée sur cet axe, d'un

côté tel que la rotation qui a lieu se fasse de gauche à droite autour de cette ligne, pour un observateur voyant la bille par le côté où aboutit cette direction. Ainsi quand la bille roule sans glisser autour d'un axe horizontal et qu'elle s'éloigne du joueur, la direction de l'axe de rotation est le rayon horizontal à droite du joueur.

Vitesse de rotation au point d'appui. C'est la vitesse qu'aurait le point d'appui de la bille, en vertu de la seule vitesse de rotation autour de son centre supposé immobile.

Rotation directe. C'est la rotation qui a lieu dans le même sens que lorsque la bille roule sans glisser sur le tapis; ou si l'on veut, c'est la rotation qui a lieu lorsque la vitesse de rotation au point d'appui tombe du côté opposé à la vitesse de translation du centre de la bille : dans ce cas l'axe de rotation se porte à droite du joueur.

Rotation rétrograde. C'est la rotation qui a lieu dans le sens opposé à la rotation directe, c'est-à-dire quand la vitesse au point d'appui tombe du côté de la vitesse de translation de la bille : dans ce cas l'axe de rotation se porte à gauche du joueur.

État de glissement. C'est l'état où se trouve la bille à l'instant où la vitesse de rotation au point d'appui est nulle, c'est-à-dire où l'axe de rotation est vertical, si la vitesse de rotation autour de cet axe n'est pas nulle.

État final de la bille. C'est l'état où elle se trouve quand elle roule sur le tapis en ligne droite sans qu'il y ait de glissement, et par conséquent de frottement de première espèce au point d'appui. La vitesse de rotation au point d'appui se trouve alors égale et directement opposée à la vitesse de translation du centre. Dans cet état final les vitesses de translation et de rotation changent assez peu pour qu'on puisse les regarder comme constantes.

La direction finale, c'est la direction du mouvement de la bille quand elle est à l'état final.

État varié de la bille. C'est l'état où elle se trouve avant d'être à l'état final, c'est-à-dire quand le point d'appui glisse et conséquemment frotte sur le tapis. Dans cet état les vitesses de translation et de rotation varient très-rapidement pour arriver ensemble à leurs valeurs finales.

Voici maintenant les principales notations dont nous ferons usage :

M' masse de la queue ; elle est ordinairement égale à trois fois celle de la bille.

W' la vitesse de la queue avant qu'elle choque la bille.

R le rayon de la bille.

M la masse de la bille.

$W_{,}$ la vitesse initiale du centre de la bille, c'est-à-dire celle qu'elle prend après le coup de queue.

W_{0} la vitesse initiale du centre pour la même vitesse de la queue, quand la ligne du choc passe par le centre de la bille.

W la vitesse du centre de la bille à un instant quelconque de son mouvement.

W_{a} la vitesse qu'a le point de la bille qui est au point d'appui.

W_{r} la vitesse qu'aurait ce même point d'appui de la bille en vertu de la rotation, en faisant abstraction de la vitesse W du centre ; en sorte que W_a est la résultante de W_r et de W.

w la vitesse de rotation du point situé sur la verticale passant par le centre et aux $\frac{2}{5}$ du rayon au-dessus de ce centre, point que nous avons appelé centre supérieur de percussion ; cette vitesse w est égale et opposée à $\frac{2}{5} W_r$.

Les valeurs initiales des vitesses seront toujours désignées par des accens placés au bas des lettres.

y la distance rectiligne parcourue par la bille depuis l'instant où elle a reçu le coup de queue jusqu'à un instant quelconque, en supposant qu'elle se meuve en ligne droite.

$y,$ la distance rectiligne parcourue par la bille dans la même supposition, lorsqu'elle est arrivée à son état final ou de roulement.

y_0 distance analogue lorsque la bille est arrivée à l'état de glissement.

p, q, r, les trois projections sur trois axes rectangulaires des x, des y et des z de la vitesse angulaire de rotation portée sur l'axe de rotation du côté indiqué pour sa direction ; ces axes étant pris ordinairement de manière que la direction du mouvement du centre soit celle des y positifs, la perpendiculaire horizontale à droite sur le tapis soit l'axe des x, et la verticale au-dessus du tapis soit l'axe des z.

Ces quantités peuvent encore être définies en disant que Rp Rq Rr s'obtiendraient en prenant les vitesses des points situés sur des grands cercles parallèles aux plans coordonnés, lesquelles vitesses seraient ensuite projetées sur les mêmes plans. Cette manière de définir ces quantités résulte de cette proposition, que pour tous les points d'un grand cercle d'une sphère, les vitesses, qui en général sont différentes en grandeur et en direction, ont des projections constantes sur le plan de ce cercle.

l la hauteur au-dessus du tapis où la ligne du choc vient rencontrer le plan vertical mené par le centre de la bille perpendiculairement au plan vertical du choc.

h la distance du plan vertical du choc au centre de la bille : cette quantité étant positive ou négative, suivant que ce plan est pour le joueur à droite ou à gauche du centre.

a la plus courte distance de la ligne du choc au centre de la bille. Quand le coup de queue est horizontal, on a $a^2 = (\mathrm{R} - l)^2 + h^2$.

f le coefficient du frottement du tapis sur la bille pendant le mouvement, c'est-à-dire le rapport entre son poids et la force produite par le frottement. On a trouvé par expérience que $f = 0,25$ sur un tapis ordinaire. Ce coefficient doit varier un peu avec les tapis, mais on n'a pas trouvé de variations très-sensibles sur ceux qu'on a éprouvés.

f_i le coefficient du frottement entre le tapis et la bille, soit pendant le choc contre la bande, soit pendant le choc de la bille contre le tapis quand on donne un coup de queue incliné. Ce coefficient, pour le choc contre la bande, a été trouvé de 0,20.

f' le frottement qui se produit entre deux billes pendant le choc. Ce coefficient est très-petit, il ne dépasse pas 0,03.

θ la portion de la force vive totale de la queue et de la bille qui est perdue dans le choc de ces deux corps.

L'expérience montre que cette fraction peut être regardée comme constante et égale à 0,13.

ε la portion de vitesse normale qui est rendue dans le choc de la bille contre la bande. Cette fraction reste très-près de 0,55 pour beaucoup de bandes qui ont été essayées; mais elle varie un peu avec les vitesses, de telle sorte qu'elle se réduit à 0,50 pour des vitesses de 7^m. par secondes, limites des vitesses des billes au billard, et qu'elle est de 0,60 pour de très-petites vitesses de moins de 1^m,00.

Du mouvement d'une bille sur le tapis, sans considérer d'abord la cause qui a produit ce mouvement.

Une bille ayant un certain mouvement initial qui est tel que l'axe de rotation ait une position quelconque par rapport à la direction du mouvement du centre, décrit une ligne courbe par l'effet du frottement que le tapis exerce au point d'appui. *De quelque nature que soient les frottemens, la résultante de la vitesse du centre de la bille et de la vitesse du centre de percussion supérieure est toujours constante en grandeur et en direction pendant le mouvement.* Cette direction est celle que nous avons appelée *finale*, c'est-à-dire celle que prend le centre de la bille quand elle cesse de frotter au point d'appui et qu'elle roule simplement sur le tapis.

Quand on néglige le frottement de roulement qui est insensible, la direction de la vitesse au point d'appui, et conséquemment la direction du frottement de glissement, est toujours constante pendant le mouvement, en sorte que, comme d'une autre part son intensité est indépendante de la vitesse, la courbe décrite par la bille est une parabole.

Si A B (*fig.* 1) représente la vitesse de translation du centre, A G la vitesse de rotation du point d'appui dans sa propre direction, et A F la vitesse égale et opposée à celle de rotation du point d'appui, c'est-à-dire la vitesse de rotation du point supérieur de la bille qui est diamétralement opposé au point d'appui; le frottement agira toujours dans la direction de B vers F, de sorte que la vitesse de la bille reste uniforme dans le sens perpendiculaire à BF, et qu'elle est accélérée ou retardée dans le sens BF seulement.

Pour que la bille marche en ligne droite, il faut que l'axe de rotation soit dans un plan vertical perpendiculaire à la direction du mouvement, ou, ce qui revient au même, que la vitesse de rotation AG au point d'appui soit sur la même ligne que la vitesse AB de translation du centre. Quand ces deux vitesses font un angle, le mouvement commence toujours par se faire en ligne courbe jusqu'à ce que ces vitesses, dont les directions vont continuellement en s'écartant, soient devenues égales et opposées. A partir du moment où cette circonstance a lieu, la bille roule sans frotter, et son mouvement se fait en ligne droite sans que la vitesse de rotation ni l'axe de rotation changent de direction ni de grandeur.

Pendant le mouvement de la bille, les vitesses AB et AF vont en se rapprochant l'une de l'autre, de telle sorte que si l'on ne s'occupe que du changement de ces vitesses en faisant abstraction du mouvement du centre A de la bille qu'on laissera à la même place sur la figure 1, alors les extrémités B' et F' des nouvelles vitesses variables AB' et AF' restent sur la droite FB, et s'avancent l'une vers l'autre jusqu'à ce qu'elles soient

réunies au point E, placé de manière qu'on ait EB=
$\frac{2}{7}$ FB.

Si sur la direction AG de la vitesse du point d'appui on porte AH $=\frac{2}{5}$ AG, la ligne AH sera la vitesse du centre de percussion inférieur ; l'extrémité H de cette vitesse, qui s'emploie beaucoup dans les constructions qu'on indiquera plus loin, se déplace de manière à avancer d'une grandeur HH' égale et parallèle à la longueur BB', dont le point B a avancé en même temps. Si l'on porte AH' de B' en D en sens opposé, le point D restera constant pendant que B' marchera de B vers E : DB' sera alors la vitesse de rotation du centre de percussion supérieur, tandis que AH' est celle du centre de percussion inférieur. Cette construction est liée à la proposition énoncée plus haut, savoir : que la direction de la vitesse finale est toujours la direction de la résultante de la vitesse du centre de la bille et de la vitesse de rotation du centre supérieur de percussion. Mais il faut faire attention que la grandeur AE de la vitesse finale n'est que les $\frac{5}{7}$ de cette résultante AD ou HB.

Si le frottement a une intensité constante f, le point B' s'approche de sa position finale E en parcourant par seconde un espace fg ou $2^m,45$: g étant égal à 9,809, et f étant d'après diverses expériences d'environ 0,25.

Pour avoir le point L où sera la bille sur le tapis, lorsqu'en partant de A elle sera arrivée à son état final ; on tirera AM au point M milieu de EB ; le point L sera sur AM à une distance AL de A, qui sera à AM dans le rapport de BM à $\frac{fg}{2}$, ou de BE à fg. Pour faire cette réduction, par construction on mènera AJ parallèle à FB et égal à fg; cette droite coupera HB en I; on joindra JM, et par I menant IL parallèle à JM jusqu'à sa rencontre L avec AM, on aura le point L où sera la bille au moment où elle commencera à être à son état final : ce sera par ce point qu'on tracera la marche finale LV dans la direction de HB ou de la parallèle AD. La marche courbe sera une parabole AL tangente en A et L aux droites AB et LV, qui sont les directions initiale et finale du mouvement du centre de la bille.

Les vitesses variables W, W_r et w, c'est-à-dire AB', AF' ou AG', et AH' ou DB' de la figure 1, sont les seuls élémens dont on ait besoin pour connaître ce qui arrive dans le choc contre une autre bille. Si l'on veut les construire pour chaque position de la bille sur la courbe AL qu'elle décrit (*fig.*3), on remarquera que la vitesse de translation étant uniforme dans le sens AP perpendiculaire à BF, il suffira de prendre sur cette perpendiculaire des intervalles égaux An', $n'n''$, $n''l$, et de remarquer que si les deux vitesses AB' et AF' étaient portées à partir de ces points $n'n''l$, leurs extrémités b', b'', f', f'' se trouveraient sur les droites BE' et FE' menées des points B et F au point E', extrémité de la perpendiculaire EE' à BF, laquelle serait prise égale à Al projection de la courbe AL sur AP. Mais en vertu de ce que ces vitesses doivent se porter à partir des points A', A'' et L, il faudra reporter les points b', b'', f', f'' et E' du côté de la courbe AL, et parallèlement à BF des quantités b'B', f'F', et b''B'', f''F'', et E'B'', égales aux ordonnées de cette courbe n'A', n''A'' et lL. Par cette construction, les directions

A′B′, A″B″ sont celles des tangentes à la courbe AL, puisque ce sont celles des vitesses du centre de la bille qui décrit effectivement cette courbe.

Quant au point H qui est l'extrémité de la vitesse du centre de percussion inférieur, il décrit la courbe HH′H″H‴ égale et parallèle à la courbe BB′B″B‴ décrite par le point B. Le point D, extrémité de la vitesse BD = AH′, portée à partir de B′, décrira une courbe DD′D″D‴ tout-à-fait égale à la courbe AA′A″L parcourue par la bille pendant ce mouvement. La droite AD, résultante des vitesses AB′, B′D′, se transporte en restant égale et parallèle à elle-même.

Quant à la vitesse horizontale R*r* des points de l'équateur horizontal de la bille, elle reste sensiblement constante pendant le mouvement de la bille.

Du coup de queue horizontal.

Nous définirons d'abord les expressions suivantes :

La ligne du choc. C'est la ligne menée par le point où la queue va frapper la bille dans la direction du mouvement de cette queue, qui est toujours supposée celle de son axe de figure.

Plan vertical du choc. C'est le plan vertical mené par la ligne du choc.

Bien que la ligne du choc ne passe pas par le centre de la bille, pourvu qu'on ne frappe pas à une distance du centre qui atteigne la limite où le frottement ne peut plus empêcher le bout de la queue de glisser sur la bille pendant le coup, la direction initiale de la bille ne dépend pas du frottement qui s'établit entre la queue et la bille; cette direction ne dépend que de celle du coup de queue, ou,

autrement dit, de la direction de la ligne du choc;
c'est ce qui fait qu'on peut alors assurer le tir. Si l'on
frappe la bille plus loin du centre que cette limite, laquelle sera beaucoup moins étendue ou n'existera
plus si le bout de la queue prend une petite vitesse
transversale, c'est-à-dire perpendiculaire à l'axe de la
queue, alors le tir n'est plus assuré, et l'on fait fausse
queue. La limite de la distance a du centre où l'on
puisse frapper la bille avec une queue garnie et bien
frottée de craie, est au plus de 0,70 R, si le coup est
bien assuré, sans vitesse transversale.

Toutes les fois que la ligne du choc ou l'axe de la
queue qui lui est parallèle sera horizontale, ou bien
toutes les fois que le plan vertical du choc passera par
le centre de la bille, celle-ci ira en ligne droite. Ainsi,
dans le jeu ordinaire, dès qu'on tient la queue de
niveau, si l'on ne fait pas fausse queue, en quelque
point qu'on frappe la bille, celle-ci ira en ligne
droite dans la direction de la ligne du choc.

Le mouvement en ligne droite commencera, en général, par un mouvement varié qui ne deviendra
uniforme que lorsque la bille sera arrivée à l'état
final de roulement. Le mouvement varié sera retardé
si la ligne du choc passe au-dessous du plan horizontal mené par le centre de percussion; si la ligne
du choc est dans ce plan, la bille prend de suite son état
final; et si la ligne du choc était au-dessus de ce plan, le
mouvement varié serait accéléré jusqu'à l'état final.
Mais cette dernière circonstance n'arrive guère dans
le jeu ordinaire, parce qu'il faudrait frapper trop près
du point où l'on commence à faire fausse queue.

W_o étant la vitesse que prendrait le centre de la

bille sous le même coup de queue, c'est-à-dire avec la même vitesse de la queue si la ligne du choc passait par le centre, et a étant la distance de la ligne du choc au centre; on a pour la vitesse W, que prend le centre de la bille par l'effet du coup de queue,

$$W_1 = \frac{W_o \left(1 + \dfrac{M}{M'}\right) \left[1 + \sqrt{1 - \theta - \theta\, \dfrac{M'}{M} \left(1 + \dfrac{5}{2}\dfrac{a^2}{R^2}\right)}\right]}{\left(1 + \dfrac{M}{M'} + \dfrac{5}{2}\dfrac{a^2}{R^2}\right)\left(1 + \sqrt{1 - \theta - \theta\, \dfrac{M'}{M}}\right)}.$$

Cette vitesse devient W_o quand on a $a = o$.

Dans les limites où l'on peut prendre la distance a, c'est-à-dire de $a = o$ à $a = 0,60$ R, ainsi qu'on l'expliquera plus loin, en prenant $\dfrac{M}{M'} = \frac{1}{3}$, $\theta = 0,13$, cette valeur est représentée dans la figure 4 par les ordonnées de la courbe C'CC''C', dont les abscisses OR ou M''M sont les distances a du point du choc au centre O de la bille. Ainsi, en prenant pour le cercle tracé dans la figure le grand cercle de la bille perpendiculaire à la direction du choc, mais dans une proportion beaucoup plus grande par rapport à l'échelle des vitesses, T représentant le point où la ligne du choc vient percer le plan vertical de ce cercle, on reportera la distance OT pour en faire l'abscisse OR; l'ordonnée MC correspondante sera la vitesse W_1 du centre. L'ordonnée M''C'', maximum de la courbe, est la vitesse W_o que prendrait le centre de la bille si le même coup de queue avait été donné au centre. Comme on verra que le coup de queue ne peut pas être donné au delà de 0,60 R du centre, on n'a pas étendu la courbe au delà de cette distance.

Les vitesses de rotation des points du grand cercle horizontal de la bille projetées sur le plan de ce cercle, c'est-à-dire la valeur de Rr, est constante pendant le mouvement. Elle est donnée par la formule

$$Rr = W_{\text{\tiny I}} \, \frac{h}{\frac{2}{5} R}.$$

Pour l'avoir au moyen de la vitesse $W_{\text{\tiny I}}$, qui est celle du centre, c'est-à-dire l'ordonnée de la courbe C′CC″C′, il suffira de modifier cette ordonnée dans le rapport de h à $\frac{2}{5}$ R, h étant la distance ET entre le plan vertical du choc et le centre de la bille.

Si le coup de queue est donné à la hauteur du centre, alors on a $a = h$. Si dans ce cas on fait varier h, la valeur de Rr variera ainsi que le représentent les ordonnées PR des deux courbes ORR′ (*fig.* 8). En partant de la formule ci-dessus, qui donne $W_{\text{\tiny I}}$, en fonction de $W_{\text{\tiny o}}$, on trouve que le maximum de Rr répond à très-peu près à $h = 0{,}50$ R. Ainsi, *pour avoir la plus grande vitesse de rotation autour de l'axe vertical, il faut frapper la bille à une distance du centre égale à la moitié du rayon.*

Dans ce cas, on a

$$Rr = 0{,}75 \, W_{\text{\tiny o}}.$$

La plus grande valeur de $W_{\text{\tiny o}}$ est de 7^{m} pour un très-fort coup de queue. Ainsi, on a alors

$$Rr = 5{,}25.$$

La vitesse du centre de la bille à l'instant où elle est à l'état de glissement est égale à $W_{\text{\tiny I}} \, \dfrac{l}{R}$, $W_{\text{\tiny I}}$ étant la vitesse initiale du centre de la bille, et l la hauteur du choc au-dessus du tapis.

La vitesse du centre de la bille, quand elle est à l'état final, est toujours égale à $\frac{5}{7}$ W, $\frac{l}{R}$,

La quantité W, $\frac{l}{R}$ a été construite pour différentes valeurs de l, en supposant $h = o$ et $a^2 = (l - R)^2$: ces valeurs sont représentées (*fig. 9*) par les ordonnées horizontales $d'h'$, dh, DH, D'H', et de la courbe $h'h$, H'H H'', dont les abscisses MD sont les hauteurs l. Si l'on cherche le maximum de W, $\frac{l}{R}$ dans ce cas on trouve qu'il répond à $l = 1,19$R; ainsi *pour avoir la plus grande vitesse possible soit à l'état final, soit à l'état de glissement, il faut frapper au-dessus du centre à une hauteur qui est environ le cinquième du rayon.*

Dans ce cas la quantité $\frac{5}{7}$ W, $\frac{l}{R}$ devient

$$\frac{5}{7} \text{ W, } \frac{l}{R} = 0,78 \text{ W}_o.$$

La plus grande valeur W$_o$ pour un très-fort coup de queue étant de 7,00, on a alors pour la vitesse finale

$$\frac{5}{7} \text{ W, } \frac{l}{R} = 5,46.$$

Lorsque le coup de queue est horizontal, ainsi que nous le supposons, et que la bille marche en ligne droite, on peut représenter la vitesse du centre par les ordonnées d'une parabole à axe horizontal (*fig.*6), dont le sommet K sera à une distance $\frac{W_i^2}{2fg}$ ou $\frac{W_i^2}{4,90}$ du point de départ M, et dont l'ordonnée de départ MC sera égale à la vitesse initiale W$_i$. Les abscisses MD seront les espaces décrits par la bille sur le tapis à partir du point de départ M, et les ordonnées AD représenteront les vitesses de la bille tant qu'elle ne sera pas à l'état final. Si l'on fait varier la vitesse $W_{,}$, les paraboles resteront de même forme; elles auront pour paramètre commun la longueur $\frac{fg}{2}$, elles ne différeront que parce que leurs sommets K', K, K'' s'éloigneront plus ou moins du point de départ M de la bille.

Quand la bille sera à l'état final, la vitesse demeurant à très-peu près constante, sera représentée par l'ordonnée de l'horizontale GL, dont nous indiquerons plus loin la construction.

Si l'on trace l'horizontale PE à une hauteur MP qui soit à CM dans le rapport de la hauteur l où la queue va toucher la bille au rayon R de cette bille, le point où cette horizontale rencontre la parabole, donnera par son abscisse MI la distance où la bille se trouve à l'état de glissement. Cette hauteur MP se trouve donnée dans la figure 5 par la distance LP. Elle se construit facilement au moyen de MM''=R, M''L=l et ML=$W_{,}$; puisqu'on a alors LP $= W_{,}\dfrac{l}{R}$.

En menant l'horizontale GL, figure 6, à une hauteur MF$=\frac{5}{7}$ MP, c'est-à-dire à une hauteur égale à la vitesse finale de la bille, le point G où elle coupe la parabole donnera, par sa projection sur l'axe MK, le point Q où commence sur le tapis cet état final.

Si F tombe en dessus de G, c'est-à-dire si $l > \frac{2}{5}$ R (*figure* 7), alors il faut en même temps retourner le sens de la parabole; son sommet sera en K; les ordonnées de C en G représenteront les vitesses : au delà de G on sera dans l'état final dont la vitesse sera constamment D A.

En même temps que l'ordonnée AD de la parabole représente à chaque instant la vitesse de translation de la bille, la partie AH de cette ordonnée, comprise entre la courbe et l'horizontale PE qui donne le point de glissement I, représente la vitesse w de rotation du centre d'oscillation supérieur de la bille. Cette quantité est fort importante à considérer, elle s'emploie constamment dans toutes les constructions qu'on indiquera plus loin pour trouver la marche de la bille après le choc contre une autre bille ou contre la bande. La somme ou la différence des vitesses W et w du centre de la bille et de son centre de percussion supérieur, reste constante pendant le mouvement et égale à W. $\frac{l}{R}$. C'est la somme qui est constante quand la rotation est directe et que w est dans le même sens que W; c'est la différence quand w tombe en sens opposé de W. On se rappelle que dans le cas du mouvement en ligne courbe, c'est la résultante de ces deux vitesses W et w qui reste constante.

Quand le point A de la parabole est en dessus de la droite PE, la rotation est rétrograde; quand il est en dessous, la rotation est directe. Il n'y a de vitesse de rotation rétrograde qu'autant qu'on a $l < R$, c'est-à-dire qu'autant que la ligne du choc est plus basse que le centre de la bille.

Si la ligne du choc est dans le plan horizontal passant par le centre de la bille, celle-ci est à l'état de glissement au moment du départ, et il n'y a jamais de rotation rétrograde. Si la ligne du choc est au-dessus du plan horizontal passant par le centre, la rotation est toujours directe, et la bille ne se trouve jamais à l'état de glissement.

Le mouvement varié que prend la bille du joueur, soit après en avoir choqué une autre, soit après avoir frappé la bande, dépendant principalement, comme on le verra plus loin, de l'espèce de rotation qu'elle possède au moment du choc, les effets sont tous différens suivant que la bille est à l'état de rotation rétrograde ou à l'état de glissement, ou à l'état de rotation directe, ou enfin à l'état final de roulement. Il importe donc de connaître le lieu du tapis où se trouve la bille dans son mouvement rectiligne, quand elle est à l'état de glissement, puisqu'avant ce point elle est à l'état de rotation rétrograde, et après à l'état de rotation directe. Il importe aussi de connaître le point où elle est à l'état final, puisqu'à partir de ce point les effets sont constans.

En adoptant les notations posées précédemment, on a pour la distance y_0 entre le point de départ et celui où la bille se trouve à l'état de glissement, c'est-à-dire pour MI de la figure 6,

$$y_0 = \frac{W_i^2}{2fg}\left(1 - \frac{l'}{R^2}\right);$$

et pour la distance y_2 ou MQ de la même figure, entre le point de départ et le point où la bille commence à être à l'état de roulement

$$y_2 = \frac{W_i^2}{2fg}\left(1 - \left(\frac{5l}{7R}\right)^2\right).$$

Quand on frappe la bille au centre, on a

$$y_0 = 0,$$

et
$$y_1 = \frac{24}{49} \cdot \frac{W_0^2}{2fg},$$

ou à très-peu près

$$y_1 = \frac{1}{2} \cdot \frac{W_0^2}{2fg}.$$

Ainsi la distance MQ (*fig.* 6) parcourue par la bille avant qu'elle arrive à l'état final quand elle a été frappée à la hauteur du centre, est égale à moitié de la longueur MK de la parabole.

En prenant $f = 0,25$, on a à très-peu près

$$y_1 = 2 \cdot \frac{W_0^2}{2g}.$$

La vitesse W_0 qui est la valeur que prend W, quand on frappe au centre, est pour de très-forts coups de queue d'environ 7,00, ou telle qu'on a

$$\frac{W_0^2}{2g} = 2,50,$$

ce qui donne

$$y_1 = 5,00;$$

Pour un coup de queue ordinaire, on a

$$\frac{W_0^2}{2g} = 1,20 \text{ ou } W_0 = 4,86,$$

ce qui donne

$$y_2 = 2,40$$

Si l'on frappe le plus bas possible, c'est-à-dire pour $l = 0,40$ R; on a alors

$$y_0 = 3,36 \cdot \frac{W_1^2}{2g}, \text{ et } y_2 = 3,68 \cdot \frac{W_1^2}{2g}.$$

Les expressions de y_0 et y_1 contiennent la vitesse W_1 du centre de la bille. Celle-ci dépend de la vitesse W_0 que prendrait ce centre, si en choquant avec la même vitesse de la queue on avait frappé au centre; la valeur a été posée précédemment.

Lorsque le plan vertical du choc passe par le centre et que $h = 0$, alors la distance a qui entre dans l'expression de W_1 en fonction de W_0, est égale à $R - l$ ou $l - R$. Si l'on remplace ainsi a par cette valeur dans l'expression de y_0, qu'on mette pour le rapport $\dfrac{M'}{M}$ la valeur 3 qu'il a ordinairement, que l'on remplace θ par 0,13; on trouve que cette expression a un maximum par rapport à l pour

$$R - l = 0{,}25\ R.$$

Le lieu du tapis où la bille est à l'état de glissement étant celui où la bille cesse de pouvoir reculer après en avoir frappé une autre, ainsi qu'on le dira plus loin, il s'ensuit *qu'avec un coup de queue d'une intensité déterminée, la bille conservera le plus loin possible la faculté de reculer après en avoir choqué une autre en un point qui ne soit pas trop éloigné du point d'arrière, si l'on frappe la bille à environ le quart du rayon en-dessous du centre.*

Pour les valeurs adoptées pour f, θ, M et M'; on a pour la valeur maximum

$$y_0 = 0{,}33 \cdot \frac{W_0^2}{2fg},$$

Ainsi pour un coup de queue ordinaire qui donne $\dfrac{W_0^2}{2fg} = 4{,}80$, on a

$$y_0 = 1{,}58.$$

Et pour un très-fort coup de queue qui donne $\dfrac{W_o^2}{2fg} = 10,00$; on a

$$y_o = 3,30$$

Si l'on veut, non pas conserver le plus loin possible la faculté de reculer après le choc, mais l'avoir la plus grande possible près du point de départ, il faut frapper le plus bas possible sans faire fausse queue. Mais il y a une limite à cet abaissement de la ligne du choc, cette limite résulte de la condition que le bout de la queue ne continue pas de toucher la bille et de frotter contre elle après le choc ; car alors le frottement détruit très-vite la rotation rétrograde. En se donnant donc cette condition de la séparation de la queue de la bille après le choc, on trouve qu'on ne peut frapper la bille à une distance du centre de plus de 0,60 du rayon, et cela, en supposant qu'on tienne la queue très-peu serrée dans la main, ou qu'on la retire très-lestement à l'instant même où elle vient de frapper la bille.

Si l'on se servait d'une queue un peu plus légère et ne pesant guère plus de deux fois et demi la bille, alors en la tenant toujours peu serrée dans la main, on peut, sans détruire la rotation rétrograde, frapper jusqu'à la plus grande distance en-dessous du centre que permet la condition que le bout de la queue ne glisse pas sous le coup, c'est-à-dire à 0,70 du rayon. Si la queue est plus pesante ou si elle a moins d'élasticité, ou ce qui revient au même, si le joueur y lie son bras en la serrant dans sa main, ou enfin s'il la pousse encore après le choc ; la rotation rétrograde commencera à être détruite pour une distance bien moindre en dessous du centre : ainsi on n'obtiendra alors que des effets de reculement bien moins sensibles.

Si l'on veut exprimer y_2 d'une manière analogue à y_0, il suffit de changer dans cette dernière quantité le facteur $1 - \dfrac{l^2}{R^2}$ en $1 - \left(\dfrac{5}{7}\dfrac{l}{R}\right)^2$. On trouve ainsi *qu'avec une vitesse donnée pour la queue la distance y_2 sera un maximum, c'est-à-dire que la bille ira le plus loin possible avant d'être à l'état final de roulement, si l'on frappe la bille en-dessous du centre à une distance égale au dixième du rayon.* Dans cette circonstance on a

$$y_2 = 0{,}57 \frac{W_0^2}{2fg}, \quad \text{ou} \quad y_2 = 2{,}28 \frac{W_0^2}{2g};$$

ce qui donne pour un fort coup de queue répondant à

$$\frac{W_0^2}{2g} = 2{,}50,$$

$$y_2 = 5{,}70,$$

et pour un coup de queue ordinaire répondant à

$$\frac{W_0^2}{2g} = 1{,}20,$$

$$y_2 = 2{,}73.$$

La manière dont les distances y_0 et y_2 varient avec la hauteur du choc l, lorsque le coup de queue est donné dans le plan vertical du centre, est représentée dans la figure 10, par les ordonnées horizontales LI, LQ des courbes I'II''O et Q'QN. Le cercle, dont MR est le diamètre, représente dans une dimension forcée un grand cercle vertical de la bille dans le plan du choc. Pour un coup de queue donné à une hauteur L; la distance horizontale LQ, prise égale à MQ de la fig. 6, représente la distance $y_{,}$, et la distance LI, prise égale à MI de la figure 6, représente la distance $y_{,}$. La première est nulle pour $l = \frac{2}{3}$ R; la seconde l'est pour $l =$ R. Les maxima de ces distances répondent : le 1er. à R $- l =$ 0,10 R, et le 2e. à R $- l =$ 0,25 R.

Les ordonnées LK de la courbe K′KK″K‴, représentent dans cette même figure 10 les distances MK de la fig. 6 ; c'est-à-dire que cette courbe marque les places des extrémités K des paraboles pour les différentes valeurs de l.

Du coup de queue incliné.

Si l'on tient la queue un peu inclinée, mais que le plan vertical du choc passe par le centre, le mouvement de la bille se fera toujours en ligne droite avec toutes les circonstances que nous venons d'indiquer ; seulement le choc de la bille contre le tapis diminue la vitesse de translation et augmente la rotation directe ou diminue la rétrograde. Dans ce cas, pour que la queue ne continue pas de toucher la bille après le choc, il faut que la ligne du choc reste moins éloignée du centre que lorsque la queue est tenue horizontale.

Si la ligne du choc étant toujours inclinée, le plan vertical du choc ne passe pas par le centre, la bille commencera par décrire une portion de parabole avec un mouvement varié, après lequel elle prendra son état final de roulement en suivant la tangente à cette courbe.

La direction de cette dernière tangente ne dépend nullement de l'intensité du frottement du tapis sur la bille. Pour avoir cette direction, on concevra (*fig.* 34) la ligne du choc T′R′ prolongée jusqu'à ce qu'elle rencontre le tapis en R′ en projection verticale, et en

R en projection horizontale; on tirera sur le tapis une ligne allant du point d'appui A de la bille à ce point R de rencontre, on aura ainsi une direction AR, parallèle à celle du mouvement de la bille dans son état final.

Ainsi quand on ne frappera la bille ni horizontalement, ni de manière que le plan vertical du choc passe par le centre, elle décrira une courbe en se déviant de la direction du choc du côté où elle a été frappée ; sa marche finale sera parallèle à la ligne menée du point d'appui au point où la ligne du choc devra rencontrer le tapis.

L'étendue de la courbe décrite dépend de l'intensité du frottement de la bille sur le tapis, pendant le choc et après le choc, ainsi que de la force du coup. Il est facile de tracer cette courbe ; il suffit de construire son point extrême L par où doit passer la marche finale LV parallèle à AR.

On marquera d'abord sur le tapis le point P, qui est la projection de celui où la ligne du choc va percer le plan horizontal mené par le centre supérieur de percussion N : on tracera du centre A la direction AP ; cela fait, on tracera la droite AB, représentant en grandeur et en direction la projection horizontale de la vitesse $W_i = DB$ que le centre de la bille prendrait par l'effet des coups de queue si le coup était horizontal, ainsi que la donne la courbe de la figure 4. On tracera par le point B, BE parallèle à AP, jusqu'à sa rencontre E avec AR prolongé.

Pour avoir la direction de la vitesse initiale AB' du centre de la bille, on prendra sur AE à partir de B une longueur BB' égale à $f' W_i \sin. \mu$, en appelant μ l'angle DBA que fait la ligne du choc avec l'horizontale. Pour

cela on prendra BS $= f'$ W, $= \frac{1}{5}$ BD, puisque $f' = 0{,}20$;
on projettera S en G, et on rapportera BG ou
f' W, sin. μ de B en B'. Ayant la vitesse initiale AB' et
la direction AR ou AE de la vitesse finale, on aura le
point extrême L de la courbe par la construction de la
figure 1. Ainsi on prendra le point M sur le milieu
de B'E, on joindra AM, qui déjà contiendra le point L.
Il s'obtiendra sur cette ligne en prenant AL, de manière que le rapport de AL à AM soit égal à celui de
B'E à la longueur fg, qui, en prenant ici $f = 0{,}25$, est
$2{,}45$, ou égal à celui de B'M à $1{,}225$. Il ne restera donc
pour avoir la marche de la bille qu'à mener par L une
ligne LV parallèle à AR, et à tracer entre A et L une
parabole tangente en A et en L aux droites AB' et LV.

Si la distance horizontale AP du centre de percussion
à la ligne du choc était égale ou inférieure à $\frac{2}{5} f$ R, la
bille, au lieu de commencer par glisser au point d'appui, roulerait de suite sous le coup de queue en prenant toujours la direction AR donnée par la construction précédemment indiquée pour l'état final, lors
même qu'elle décrit d'abord une portion de parabole.

Si la bille ressautait après le coup de queue, il faudrait augmenter BB' dans le rapport de la vitesse rendue à la vitesse perdue, et ensuite reporter l'origine
A de la courbe sur AB', au point où la bille retombe
sur le tapis.

Du mouvement d'une bille après un premier ou un deuxième choc contre une autre bille.

Je poserai d'abord les définitions suivantes :

La bille adverse. C'est la bille immobile que la bille
du joueur va choquer.

Point de choc. C'est le point de contact des billes à
l'instant du choc.

Point d'arrière. C'est le point de la bille adverse contre laquelle la bille du joueur vient choquer quand la direction du mouvement du centre de cette dernière va passer par le centre de cette bille adverse.

Angle de la déviation initiale. C'est l'angle que font les directions du mouvement de la bille du joueur avant le choc, et immédiatement après le choc : nous le désignerons par φ.

Angle de la déviation finale. Ce sera l'angle que fait la vitesse de la bille du joueur dans son état final après le choc avec la direction de son mouvement avant le choc : nous le désignerons par ψ.

En vertu de ce que le frottement entre deux billes pendant le choc conserve une direction constante, ainsi qu'on le démontre, on établit facilement les équations de leur mouvement après le choc. Mais, pour la plupart des cas ordinaires du jeu, on peut négliger le frottement. Il résulte en effet, de diverses expériences qu'on trouvera décrites au troisième chapitre, qu'il ne peut donner qu'une quantité de mouvement d'environ 0,03 de celle qui se produit au point de choc. Ce frottement n'a d'influence sensible sur la direction finale du mouvement de la bille du joueur que dans le cas où elle a touché l'autre au point d'arrière ou très-près de ce point, et qu'encore la queue a frappé sur le côté, c'est-à-dire que le plan vertical du choc n'a pas passé par le centre. Quant au mouvement de la bille adverse, il n'est jamais influencé que d'une manière très-peu sensible par le frottement au contact.

Si l'on commence donc par traiter le mouvement de la bille du joueur en négligeant le frottement entre les billes pendant le choc, et en admettant une élasticité parfaite entre les billes, ainsi que l'expérience

prouve qu'on peut le faire avec une grande exactitude, on arrive à la construction suivante :

On prend dans la figure 6 les longueurs AD et AH
répondant à la manière dont le coup de queue a été
donné, et à la place D où se trouve la bille adverse
sur le tapis au moment du choc; le point M étant
celui où la bille du joueur a reçu le coup de queue,
et la droite PE étant menée comme on l'a dit à la hauteur $MP = \dfrac{l}{R} MC$. Si le choc a lieu au delà de Q, ces
distances seront A'D' et A'H'.

On décrira un cercle sur AD comme diamètre
(*fig.* 6), on tirera la corde AB dans la direction de la
tangente horizontale menée au point où se fera le
choc sur la bille adverse, c'est-à-dire qu'on placera le
point B à une distance angulaire de A, qui soit le double de celle AT qu'il y a entre le point de choc T et
le point d'arrière A. La ligne HB donnera dans tous
les cas la direction de la marche finale de la bille du
joueur, par rapport à la direction AD prise pour celle
de son mouvement avant le choc. La position de cette
marche finale s'obtiendra en construisant l'extrémité L de la parabole, comme on l'a indiqué sur la
figure 1, où les longueurs AH et AB répondent aux
longueurs AH et AB de la figure 6. Cette construction
se trouve reproduite sur la figure 11, où l'on a con-
servé les mêmes lettres que dans la figure 1. Au
moyen du cercle dont AD est le diamètre, la construction se trouve préparée pour toutes les positions du point du choc. Le point M est aussi sur un
cercle, puisque $MB = \frac{1}{7} FB$; mais ce cercle a un centre
différent de celui sur lequel se trouve le point B.

Ayant le point L, extrémité de la courbe, on fera passer par ce point une parallèle LV à HB; on aura ainsi la marche finale de la bille. La parabole décrite se tracera facilement par la condition qu'elle soit tangente en A et en L aux directions initiale et finale AB et LV.

La figure 12 représente la même construction quand le choc se fait à l'état de rotation rétrograde, et qu'alors le point H tombe entre A et D. La bille du joueur peut alors marcher dans toutes les directions après le choc; elle recule en revenant vers le joueur, si l'arc AB n'est pas trop grand, c'est-à-dire si, en prenant le cercle ABD pour représenter le grand cercle horizontal de la bille, le point de choc T n'est pas trop éloigné du point d'arrière A.

La figure 13 montre les mêmes constructions quand le choc se fait dans l'état final; alors la plus grande déviation que puisse prendre la bille est de 33°-44'; elle s'obtient en dirigeant le centre de la bille du joueur à très-peu près vers le bord apparent de la bille adverse, le point de choc devant être à 27°-6' du point d'arrière.

Si l'on suppose que la bille du joueur, après avoir choqué une première bille en un point distant du point d'arrière d'une quantité angulaire égale à l'angle soutendu par AT sur le cercle ATD (*fig.* 15), vienne en choquer une deuxième très-près de la première, et que le point de choc soit à une distance angulaire égale à l'angle soutendu par AT' sur le cercle AT'B; alors, en tirant la corde AB dans le premier cercle et la corde AB' dans celui qui a AB pour diamètre, lesquelles répondent à des arcs doubles des arcs AT et AT'; la ligne HB' donnera toujours la direction finale du mouvement de la bille du joueur après le deuxième choc; les élémens AB' et AH serviront à construire la parabole décrite et à trouver le point L, ainsi qu'on l'a fait sur la figure.

La courbe enveloppe des cercles AB'B, pour toutes les positions du point B (*fig.* 16), est une épicycloïde engendrée par un cercle roulant sur un cercle égal; ce dernier ayant pour diamètre le rayon AR du cercle ADB, c'est-à-dire la moitié de la vitesse W. Les tangentes menées à cette courbe par le point H donneront pour un certain rapport, entre les vitesses AD et AH, les plus grandes déviations que pourra prendre la bille du joueur après le deuxième choc, de quelque manière que soient placées l'une par rapport à l'autre les deux billes supposées très-voisines, et quels que soient les points de choc. Quand la bille du joueur est à l'état final au moment du choc, le plus grand angle de déviation finale est de 51°-34'.

La figure 14 indique les modifications qu'il faudrait faire si les billes n'étaient pas parfaitement élastiques, ou, ce qui vient à peu près au même, si leurs masses n'étaient pas parfaitement égales. On remplacerait le cercle ABD par le cercle A'B'D, ayant un diamètre moindre de la longueur AA', qui représente, par rapport à AD, la vitesse normale conservée après le choc par le centre de la bille du joueur.

La figure 18 indique cette même modification pour le cas d'un deuxième choc tout près du premier.

On répétera qu'on a considéré ces cas comme complément de théorie seulement, puisque l'élasticité peut être regardée comme parfaite.

S'il y a inégalité de masse et que ce soit la bille du joueur qui soit la plus forte, alors on n'aura qu'à appliquer la construction précédente (*fig.* 14). Si elle est la plus légère, alors la portion de vitesse BB′ (*fig.* 14 *bis*) devra seulement être changée de sens.

La figure 17 indique la construction pour le cas où le deuxième choc aurait lieu à une distance sensible du premier, et où les élémens AB, AH auraient eu le temps de changer dans le trajet de la première à la deuxième bille. Alors AB et AH ou son égal et parallèle BD′ seraient devenus AB′, B′D′ ou son égal AH′; la distance BB′ s'obtenant comme on l'a indiqué par la figure 3. Pour avoir alors la marche de la bille après le deuxième choc pour toutes les positions du point T′ du deuxième choc, on décrira le cercle sur AB′; on y tracera une corde AB″ qui, étant la vitesse W après le deuxième choc, servira avec AH′ à trouver par la construction ordinaire l'extrémité L de la parabole.

Bien que le frottement entre les billes soit presque insensible, il y a des cas où il est nécessaire d'y avoir égard : c'est lorsque le choc a lieu très-près du point d'arrière, et que la bille du joueur, choquant très-peu avant ou après l'état de glissement, n'a presque pas de vitesse de rotation, et qu'elle perd ainsi par le choc presque toute sa vitesse de translation. Le frottement alors influe sensiblement sur cette vitesse qui devient très-faible.

Comme la méthode pour avoir égard au frottement n'est pas plus compliquée pour un cas quelconque, nous donnerons ici la construction générale (*fig.* 20). AD représente la vitesse W de la bille au moment du choc, et AF la vitesse du point supérieur, laquelle est égale à $\frac{5}{2}$ AH. T représente le point de choc sur le cercle ABD considéré comme le grand cercle de

la bille. On tracera comme dans les figures précédentes
la corde AB soutendant l'arc double de AT. On décrira un cercle DGA′ sur un diamètre DA′=DA+f'DA,
f' étant le coefficient de frottement. On décrira sur FD
un cercle FKD; on joindra DB qui coupe le cercle DKF
en K; on prolongera la ligne DB jusqu'au cercle DGA′
en G. On prendra, sur AB du côté où le coup de queue
a été donné, une longueur égale à $\frac{1}{2}$ W.$\frac{h}{R}$; elle sera
égale à une ordonnée PR de la courbe OR R′R″ (*fig.* 8)
si l'on a l=R, les abscisses OP, OP′ étant les distances h. Ayant joint KC, on tracera par le point B la
ligne BB″ égale à DG et dans la direction parallèle à
celle qui va de K vers C : le point B″ sera celui qu'il faudra substituer à B pour que la droite HB″ donne la direction de la marche finale de la bille lorsqu'on aura égard
au frottement. On voit que, dans le cas de la rotation
directe, son effet est d'augmenter la déviation finale.

Si l'on veut la courbe décrite et le point extrême L
par lequel passe la marche finale, il faudra avoir séparément les deux élémens W et w après le choc, c'est-
à-dire qu'il faudra savoir ce que deviennent les vitesses AB et AH. Pour cela, on projettera B″ sur AB
en B′; il suffira de substituer B′ à B, et AB′ sera la
nouvelle vitesse à substituer à AB. Pour obtenir la
nouvelle vitesse AH, on transportera le point H en
H′, d'une grandeur HH′ égale et parallèle à B″B′, et dans
le sens de B″ vers B′, c'est-à-dire dans un sens qui rapproche toujours H de AB.

La figure 21 montre ce que devient cette construction si la rotation est rétrograde, et qu'ainsi H soit
intérieur au cercle dont AD est le diamètre. Dans ce

cas, l'effet du frottement est de diminuer la déviation finale. Ainsi, en général, quel que soit le sens de
la rotation, l'effet du frottement entre les billes est
de diminuer l'effet de la rotation, c'est-à-dire de diminuer l'angle que fait la direction finale avec la direction initiale.

Quant au mouvement de la bille adverse en ayant
égard au frottement (*fig.* 23), sa marche finale est
parallèle à DB″. La courbe qu'elle décrit est toujours
insensible, parce que la direction finale fait un angle
très-petit d'un ordre supérieur avec la direction initiale, c'est-à-dire en le comparant à celui que cette
dernière fait avec la direction BD de la normale au
point de choc.

On voit que si le point de choc T est très-près du
point d'arrière A, la bille du joueur se porte du côté où
tombe la direction CK, qui devient très-peu différente
de CF, c'est-à-dire qu'elle va du côté où le coup de
queue a été donné, et que la bille adverse fait le contraire.

Si le choc se produit après un premier choc qui ait
déjà changé AH″ (*fig.* 22) en AH et AD en AD′, et si la
distance entre les deux billes choquées est petite, de
manière qu'à l'instant du deuxième choc les élémens
soient encore AH et AD′; on partira de ces données et
l'on fera la même construction que précédemment;
seulement on remplacera F par un point F′ pris sur
le prolongement de AH et sur celui de FF′ perpendiculaire à AD′. On obtiendra le point K en abaissant
de F′ la perpendiculaire F′K sur D′B, et CK sera
comme précédemment la direction qu'il faudra donner à BB″=BG.

Si le deuxième choc n'a pas lieu très-près du premier, mais avant que la bille du joueur ne soit venue à l'état final, et conséquemment pendant qu'elle se meut encore en ligne courbe ; alors les élémens AH' et AB' auront changé dans l'intervalle; on les déterminera pour l'instant du deuxième choc comme le comporte la construction de la figure 3, et ensuite on opérera comme dans la figure 20.

La figure 35 montre à l'échelle de 0,05 la marche de la bille du joueur après un premier choc. Lorsque le coup de queue a été donné horizontalement, mais en dessous du centre : on a pris les données suivantes :

$$\frac{W_\circ^2}{2g} = 2,00, \text{ ou } W = 6,27 ; \frac{l}{M} = 0,40\ R ; W_{\prime} = 3,24$$

et $w = -2,00$.

Dans ce cas on a $\dfrac{W_{\prime}^2}{2g} = 0,535$, et par suite

$$y_\circ = 1,80$$
$$y_{\prime} = 1,97.$$

Dans cette figure le choc des deux billes est supposé se faire tout près du point de départ où s'est donné le coup de queue.

On a supposé que le point de choc se trouvait successivement à $\frac{1}{4}, \frac{2}{4}, \frac{3}{4}$ d'angle droit du point d'arrière. Les marches correspondantes sont marquées des numéros 1, 2, 3 sur cette figure et sur les suivantes.

Les figures 36, 37, 38, 39 et 40 montrent les marches de la bille du joueur après son choc contre une autre bille, en supposant que les élémens du coup de queue restant les mêmes, le lieu du tapis où se fait le choc s'éloigne successivement du joueur, et qu'ainsi la distance y aille en croissant.

Pour les figures 36 et 37 la distance y n'est pas en-core assez grande pour que la rotation au moment du choc ne soit pas toujours rétrograde.

Pour la figure 38, le choc se fait à l'état de glisse-ment, c'est-à-dire à une distance $y_o = 1,80$ du point de départ; dans ce cas il n'y a pas de courbes décrites.

Dans la figure 39, le choc a lieu entre l'état de glis-sement et l'état final, c'est-à-dire pour

$$y > 1,80 \text{ et} < 1,97.$$

Dans la figure 40, le choc a lieu à l'état final, c'est-à-dire pour

$$y = \text{ou} > 1,97.$$

La figure 41 présente les marches de la bille du joueur, lorsque le coup de queue a été donné en des-sus du centre à une distance égale à la moitié du rayon; la force du coup étant telle qu'on ait par l'effet du choc $W_r = 3,00$ et $w = 0,50\,W_r$, ce qui répond à un coup de queue capable de donner, en frappant au centre, une vitesse $W_o = 4,26$, ou $\dfrac{W_o^2}{2g} = 0,92$. Le choc est supposé avoir lieu tout près du départ. Les points de choc sont choisis, comme précédemment, de quart en quart d'angle droit sur la bille adverse.

La figure 42 montre les marches après le choc, si pour le même coup de queue le choc avait lieu lorsque la bille du joueur est arrivée à l'état final, c'est-à-dire lorsque

$$y = \text{ou} > 0,90.$$

Il suffit de ces exemples pour montrer la nature des marches de la bille, et pour faire voir comment l'éten-due des courbes décrites varie avec les vitesses W et w

au moment du choc. On ne doit pas perdre de vue que ces courbes sont d'autant moins prononcées que w est plus petit, et qu'elles disparaissent, c'est-à-dire qu'elles deviennent des lignes droites, quand $w = o$.

Les cercles qu'on voit tracés dans toutes les figures de 35 à 42 inclusivement sont ceux auxquels il faut mener des rayons vecteurs du centre de la bille du joueur au moment du choc pour avoir les directions finales de la marche de cette bille. Les points de choc étant pris de quart en quart de l'angle droit, on doit mener ces rayons aux quatre quarts du demi-cercle. Les points H des figures 11, 12 et 13 ont été reportés au centre de la bille du joueur au moment du choc; ces figures sont donc remontées ou abaissées de la hauteur AH pour que les parallèles aux marches finales partent du centre de la bille au lieu de partir en arrière ou en avant, comme dans les figures 11, 12, 13.

Les figures de 43 à 58 inclusivement se rapportent à la marche de la bille du joueur, lorsque, après avoir choqué une première bille, elle vient en choquer une seconde pendant qu'elle est encore à l'état varié, et qu'elle se meut en ligne courbe.

Les figures 43, 44, 45, 46 et 47 se rapportent aux marches de la bille du joueur lorsque le coup de queue a été donné très-bas. Elles supposent, à l'échelle de $0^m,05$ par mètre, qu'on a, au moment du choc des billes, $W = 3,24$ et $w = -2,00$, c'est-à-dire qu'elles répondent à un premier choc semblable à celui qu'on a supposé pour la figure 35. Le premier choc répond à un point de choc placé au quart de l'angle droit du point d'arrière, et la courbe décrite est la courbe numérotée 1 sur la figure 35.

Pour avoir les différentes marches de la bille du joueur, suivant qu'en un lieu donné de sa course elle touchera la deuxième bille à différens points, il faudra d'abord décrire un cercle sur sa vitesse W comme diamètre, et y mener des rayons vecteurs à partir du point H; ou bien, ce qui est encore plus commode, supposer ce point H reporté au centre de la bille, comme on l'a fait sur la figure 43. Le cercle alors devra être décrit sur la vitesse AD, et le point H restera au centre de la bille du joueur. Si l'on veut répéter cette construction pour différens points de la marche de la bille, on examinera d'abord comment changent les élémens W et w ou AH et AD pendant que la bille marche en ligne courbe : c'est ce qu'on fait à l'aide de ce qui a été indiqué par les figures 1 et 3, dont le système de construction est reporté sur la figure 43. On y a décrit différens cercles auxquels on doit mener des rayons vecteurs du point H, qui est ici le centre de la bille mobile. Dans la figure 44, ce point H a été remis sur la courbe décrite : les différentes marches finales de la bille du joueur devront être dirigées suivant des parallèles aux rayons vecteurs menées des points HH'H''H''' aux cercles ayant AD, A'D', A''D'', A'''D''' pour diamètres, et dont les sommets D, D', D'', D''' seront sur la courbe DD'D''D''' égale et parallèle à la courbe HH'H''H''' décrite par la bille. Dans le cas où les vitesses ne sont pas très-fortes, les courbes après le deuxième choc étant peu étendues, les marches diffèrent très-peu de ces rayons vecteurs eux-mêmes.

Dans le cas de ces figures, les secondes marches seront toujours rétrogrades, puisque les cercles restent en dessous des points H. On voit ces marches sur les figures 45, 46 et 47, pour les deuxièmes chocs ayant lieu en H', H" et H''' de la courbe décrite. La figure 47 suppose que la bille du joueur est à l'extrémité de la courbe en H''', et qu'elle est ainsi à l'état final. Les courbes numérotées 1, 2, 3, se rapportent au point de choc situé à un, deux, trois quarts d'angle droit à droite de la bille du joueur, et ces courbes 1',2',3', supposent le point de choc placé de même à gauche. La courbe marquée 0 est toujours une droite; elle suppose le point de choc au point d'arrière. La courbe 4 suppose que la bille adverse a été rasée sans être touchée; cette courbe est donc la continuation de la parabole décrite entre le premier et le deuxième choc.

Les figures 48 et 49 montrent les constructions analogues à celles des figures 41 et 42. Elles se rapportent au cas où le premier choc a lieu dans les circonstances de la figure 36; le point de ce premier choc étant distant du point d'arrière de $\frac{3}{4}$ d'angle droit, et la courbe décrite étant la courbe numérotée 3 sur cette figure 36. Dans ce cas, le centre de la bille, où l'on a reporté le point H comme précédemment, se trouvera d'abord au moment du départ en dedans du cercle qui lui correspond et auquel il faut mener les rayons vecteurs du point H pour avoir les directions finales. Ce point H se trouve ensuite sur ce cercle; puis, en dernier lieu, il en sort et reste dehors. Le point H est sur le cercle qui lui correspond lorsque l'angle A" HD est droit : on a exprimé cette position sur ces figures.

Les figures 50, 51 et 52 représentent les marches de la bille du joueur, lorsque, en décrivant la courbe HH' H"H''' de la figure 49, elle rencontre une autre

bille de différentes manières, c'est-à-dire en la tou-
chant aux huit points déjà indiqués.

Le cas de la figure 51 est celui qui répond au moment où les courbes cessent de prendre toutes les directions possibles et commencent à se diriger d'un
seul côté.

Dans la figure 52, le deuxième choc a lieu à l'état
final.

Les figures 53 et 54 sont les analogues des figures 48
et 49; le premier choc ayant lieu comme dans la
figure 42, c'est-à-dire dans l'état final, avec les vitesses
$W = 3^m,24$ et $w = \frac{2}{5} W$; la courbe décrite étant la
courbe numérotée 1 sur cette figure 42.

La figure 55 montre les courbes effectivement décrites dans un deuxième choc très-près du premier.

Les figures 56 et 57 répondent encore aux précédentes 53 et 54, mais elles se rapportent à la courbe
numérotée 2 de la figure 42.

La figure 58 montre les marches après un deuxième
choc, ayant lieu dans le trajet de cette courbe 2.

La figure 59 montre les marches des billes, en ayant
égard au frottement entre elles, suivant qu'on donnera le coup de queue, soit dans le plan vertical du
centre, soit à droite, soit à gauche, à une distance du
centre $h = 0^m,25$ R. L'effet du coup donné à droite
est marqué par un accent; celui du coup donné à
gauche par deux accens; la marche affectée de l'in-
dice 0 indique celle qu'on aurait si l'on n'avait pas
égard au frottement, ou si son effet était nul; ce qui
revient alors à supposer qu'on a frappé à droite à une
distance du centre qui soit telle qu'on ait

$$W \cos. \varphi = W . \frac{h}{\frac{2}{7} R} .$$

On a supposé, dans la figure 59, que le frottement était de o^m,o5; ainsi on l'a pris plus fort qu'il n'est réellement, afin de rendre son effet plus sensible.

La figure 60 montre l'influence semblable dans le choc pour l'état final, tel qu'il a été donné par la figure 42.

On voit en même temps dans ces deux dernières figures les marches de la bille adverse, en ayant égard au frottement; elles diffèrent peu de la normale au point de choc. Le frottement ayant toujours été pris de o,^mo5 de la pression, tandis qu'il n'en est guère que les o^m,o3, les effets ont été un peu forcés aussi sur ces marches pour les montrer plus distinctement.

Il faut bien faire attention que les directions finales que donnent toutes les figures d'applications, resteront les mêmes pour les mêmes rapports de grandeur et de direction entre les deux vitesses W et w, c'est-à-dire AB et AH, au moment du choc; mais que, quant à l'étendue et aux dimensions des courbes décrites et conséquemment aux positions des droites qui donnent ces marches finales, elles ne changeront pas proportionnellement aux grandeurs des vitesses, mais bien à leurs carrés ou bien aux aires des triangles compris entre les vitesses.

Ainsi, avec de très-forts coups de queue, l'étendue des courbes présentées dans ces figures à l'échelle de o^m,o5 par mètre pour de faibles coups de queue, deviendraient beaucoup plus considérables, toutes choses restant de même. Si donc on eût voulu représenter les marches effectives des billes pour différentes forces du coup de queue, il eût fallu changer les courbes, ce qui eût entraîné dans un nombre très-considérable de dessins. Les exemples qu'on a donnés ici dans cet ouvrage ne sont pas destinés à présenter toutes les marches, mais plutôt à donner une idée de leur variété.

Toutes ces courbes après le deuxième choc, ainsi que celles qui sont décrites après le premier choc, diminuent d'étendue avec la vitesse de rotation w au moment du second choc, et disparaissent toujours quand le choc a lieu à l'état de glissement, c'est-à-dire quand $w = 0$.

Toutes les marches représentées par les figures de 35 à 58 inclusivement, supposent qu'on néglige l'influence du frottement entre les billes. Cela ne fait pas une erreur sensible : c'est ce qu'on voit par les figures 59 et 60, où l'on a eu égard à cette influence en l'augmentant.

Mouvement d'une bille après un premier ou un deuxième choc contre la bande.

Nous supposerons d'abord que la bille arrive contre la bande après avoir reçu un coup de queue horizontal; que AY (*fig.* 24) soit une parallèle à la bande menée par le centre de la bille au moment du choc; que AD soit la vitesse W du centre, et AH la vitesse W du centre de percussion inférieure : ces grandeurs AD et AH étant prises comme il résulte de la figure 6, suivant le coup de queue et la distance de la bande au point où ce coup a été donné.

Pour avoir la direction du mouvement final de la bille après le choc, on commencera par abaisser du point D la perpendiculaire DOB à la bande; on prendra ensuite OB = εOD; OB étant ainsi la vitesse normale rendue par la bande à la place de la vitesse perdue OD. La direction de la vitesse de la bille après le choc serait celle qui va du point A au point B sans l'influence du frottement entre la bille et la bande pendant le choc. Pour tenir compte de ce frottement, on reportera le point B en B″ dans une direction BB″ qu'on va indiquer. On prendra pour la grandeur de BB″ une fraction de DB représentée par le coefficient f du frottement pour le choc contre la bande, en sorte qu'on aura BB″ $= f$ DB : la valeur de f ayant été déterminée par expérience de 0,20, on aura AB″ $= \frac{1}{5}$ DB. La direction de la marche finale de la bille après le choc sera celle de la ligne HB″.

Pour avoir la direction de la ligne BB″, on abaissera de F sur DO une perpendiculaire FK, c'est-à-dire une parallèle à la bande ; puis on prendra sur la ligne AY une distance AC égale à Rr ou à $\frac{5}{2}$ W$_1\frac{h}{R}$, c'est-à-dire à la vitesse horizontale des points de l'équateur horizontal de la bille. Cette vitesse étant donnée lorsque l=R au moyen de h par une ordonnée PR (*fig.* 8) répondant à une abscisse OP $= h$. La longueur AC devra être portée du côté où la bille a été frappée par la queue, c'est-à-dire du côté de Y, si la queue a frappé à droite du centre, et du côté opposé si la queue a frappé à gauche. La direction allant de K vers C sera celle qu'on donnera à la ligne BB″ de B en B″.

Si, en outre de la direction HB″ de la marche finale, on veut l'extrémité L de la courbe décrite ; point par lequel il faut faire passer la parallèle à cette direction HB″ pour avoir la marche finale ; alors on projettera BB″ en B′ sur une parallèle BB′ à la bande ; on transportera ensuite H en H′ d'une distance HH′ $=$ B″B′ dans une direction perpendiculaire à la bande, et toujours en s'en rapprochant, c'est-à-dire toujours dans le sens de B″ vers B′ ; les droites AB′ et AH′ seront les deux élémens W et w du mouvement après le choc. L'effet du frottement de la bille contre la bande sera de transporter les points B et H en B′ et en H′.

On obtiendra comme à l'ordinaire la position du point L, extrémité de la courbe décrite. Il suffira de se reporter à la construction de la figure 1, en faisant attention que le point F de cette figure s'obtiendra en prenant AF′ opposé à AH′ et égal à $\frac{1}{2}$ AH′ ; ou ce qui revient au même, en prolongeant H′A jusqu'à la rencontre de FF′ mené perpendiculairement à la bande.

On peut remarquer que lorsqu'on voudra s'occuper d'un deuxième choc contre la bande, après un premier choc déjà effectué aussi contre la bande, il faudra avoir pour ce deuxième choc la valeur de la vitesse de rotation horizontale Rr des points de l'équateur horizontal, laquelle est $\frac{5}{2}$ W.$\frac{h}{R}$ avant le premier choc. Cette vitesse Rr, par l'effet du frottement dû au choc, sera diminuée ou augmentée de la quantité BB′ : c'est-à-dire que pour avoir la nouvelle valeur AC′ à substituer à AC pour un deuxième choc contre une autre bande, il faudra transporter le point C en C′, de la quantité CC′ = BB′ et dans le sens de B′ vers B.

Dans la figure 25, on voit que la vitesse de rotation Rr étant en sens contraire, c'est-à-dire de gauche à droite, l'effet du choc, avançant le point C en C′, diminuera cette vitesse Rr.

Dans le cas où le choc a lieu dans l'état final, le point K se confond avec le point D, et AH devient égal à $\frac{2}{5}$ AD. Ce cas est représenté sur la figure 26.

Le choc ayant toujours lieu dans l'état final, si le coup de queue a été donné de manière que le plan vertical du choc passe par le centre de la bille, c'est-à-dire de manière que l'on ait $h = 0$ et par suite AC$=0$, et que toujours le choc contre la bande se fasse dans l'état final; alors le point C (*fig.* 27) reste en A, et la direction KC devient celle de DA.

Si le choc a lieu pendant la rotation rétrograde, alors les points H et F sont placés, le premier en dehors du billard, et le deuxième en dedans : la construction se fait de même, comme on le voit sur la fig. 28; le point K se construira de même en abaissant de F la perpendiculaire FK à DB prolongé. HB″ sera toujours la direction finale du mouvement de la bille, et AH′ et AB′ les deux élémens qui serviront à déterminer la courbe décrite et son extrémité L.

Si la bille vient toucher la bande après avoir déjà choqué une première bille, et assez près du point où le premier choc a eu lieu pour qu'elle soit encore à l'état varié au moment du choc; alors les élémens AD et AH ou AF, au moment du choc contre la bande, feront un angle entre eux (*fig.* 29). Ayant pris le point F sur la direction opposée à AH, de manière que $AF = \frac{3}{2} AH$, on suivra la même construction que précédemment. On abaissera de F la perpendiculaire FK sur DB prolongé, ce qui donnera le point K, qui s'emploiera comme dans les constructions précédentes.

La figure 30 montre la même construction pour le choc contre la bande dans l'état varié, mais lorsque la rotation est rétrograde.

Dans la figure 31 on a traité le même cas que dans la figure 29, mais en supposant les données telles, que la bille du joueur revienne toucher la bande avant même qu'elle ait fini de décrire la portion de courbe AL. Ces données sont les vitesses $ah = w$, $ad = W$, et $Rr = \frac{1}{2} W \cdot \frac{h}{R} = AC$, au moment du premier choc

contre la bille. Ce premier choc change *ad* en *ad'* sans changer sensiblement ni *ah* ni AC=R*r* : mais pendant le petit trajet que parcourt la bille du joueur de *a* en A, les élémens *ah* et *ad'* ont un peu changé et sont devenus AH et AD d'après le mode de construction de la figure 3. Le choc contre la bande change ces dernières en AH' et AB', d'après la construction expliquée ci-dessus. En cherchant l'extrémité L de la courbe décrite d'après la construction ordinaire qui est tracée sur cette figure, on trouve ce point L derrière la bande : ainsi la bille la choque une deuxième fois avant d'avoir achevé sa courbe. Il faut, pour être dans cette condition, que AH soit grand, ce qui suppose qu'on a frappé un peu haut avec la queue, et que AC soit assez grand, et du côté où il est dans la figure ; ce qui exige que l'on ait frappé à gauche du centre. Enfin il faut que la bille adverse qu'on va choquer d'abord soit très-près de la bande, pour que dans le trajet de *a* en A jusqu'à la bande les élémens *ah* et *ad* n'aient pas beaucoup changé.

Si l'on veut traiter un deuxième choc contre la bande, on le fera comme pour le premier, à cela près qu'après avoir employé les grandeurs convenables pour les vitesses AD, AF et AH, il faudra avoir égard au changement que AC a subi par l'effet du premier choc. La nouvelle distance AC à employer s'obtiendra comme on l'a déjà indiqué (*fig.* 24 et 25) en déplaçant le point C en C' d'une longueur CC' = B'B , et dans le sens de B' vers B.

Si l'on veut examiner en général l'influence du changement de certains élémens du mouvement de la

bille avant le choc contre la bande sur son mouvement
après le choc ; voici comment on le fera au moyen
des constructions qu'on vient d'indiquer.

Si d'abord on change seulement les élémens qui se
rapportent à la rotation, soit horizontale, soit verticale, c'est-à-dire si l'on change AH et AC (*fig.* 32) sans
changer la vitesse AD du centre, il n'en résultera qu'un
changement dans la position du point H et dans la
direction de BB″ : le point B et la grandeur de BB″ ne
changeront pas ; le point B″ se déplacera sur un
demi-cercle décrit autour de B, du côté opposé à la
bande si la rotation est directe, et du côté de la bande
si la rotation est rétrograde, comme on le voit dans la
figure 32. Si l'on change AC seul, c'est-à-dire si le coup
de queue donné à la même hauteur se porte plus ou
moins à droite ou à gauche du centre de la bille du
joueur, le point H reste le même et le point B″ seul se
transporte sur le cercle dont on vient de parler. On
voit donc ainsi sur la figure dans quelles limites la
rotation R*r*, c'est-à-dire la valeur de *h*, peut faire
varier la direction finale HB″.

Si l'on change l'angle d'incidence, c'est-à-dire l'angle
de la vitesse AD avec la bande sans changer la grandeur de cette vitesse ; alors les points D, F et H resteront sur des quarts de cercles, et le point K étant à la
rencontre de la perpendiculaire DO à la bande avec la
parallèle FK à cette bande, se trouvera sur un quart
d'ellipse dont les demi-axes seront AD et AF : cette
ellipse sera du côté de AD si la rotation est directe, et
du côté du billard si la rotation est rétrograde.

Quant aux différentes positions du point B pour
différens angles d'incidence (*fig.* 33), s'il y avait un

rapport constant ε entre les vitesses normales à la bande, avant et après le choc, il suffirait, pour obtenir ces différentes positions, de décrire un quart d'ellipse $b\, b_1\, b_2\, b_3$ ayant AY ou AD pour demi-grand axe et $A\, b = ε$ AD pour demi-petit axe.

Or, il résulte d'expériences assez soignées que le coefficient ε varie de 0,50, pour de fortes vitesses, à 0,60 pour de très-petites vitesses. Les ordonnées de la courbe AM (*fig.* 33 *bis*) représentent les valeurs des vitesses rendues, les abscisses étant les vitesses perdues. On voit que cette courbe est presque une ligne droite, et qu'on pourrait sans grande erreur regarder ε comme constant et égal à 0,55.

En raison de la petite variation du rapport entre la vitesse normale rendue par la bande et la vitesse normale avant le choc, cette ellipse devra être un peu altérée. Pour le faire, on se servira de la loi que nous avons établie par expérience, et qui est représentée par la figure 33 *bis*, où les abscisses AX représentent les vitesses normales OD avant le choc, et les ordonnées les vitesses rendues OB : l'échelle étant de $0^m,02$ pour mètre. Ayant pris une abscisse AX dans cette figure 33 *bis* égale à AD ou AX de la fig. 33, et ayant tiré l'ordonnée MX correspondante, on tracera une droite A*n* qui donne le plus petit écart maximum avec la courbe entre les points A et M. On décrira ensuite une ellipse dans la figure 33, qui répondra à la supposition où la courbe AM serait remplacée par la droite A*n*, c'est-à-dire une ellipse dont le petit axe soit A*b* = X *n*. Les ordonnées de cette ellipse perpendiculaire à la bande, devront être altérées dans la même proportion que les ordonnées de la droite A*n* (*fig.* 33 *bis*), quand on veut passer à la courbe AM. Cette altération est opérée dans la figure 33 sur la courbe B B, B, B,. Le point B sera donc toujours à la rencontre de la perpendiculaire DB à la bande avec cette courbe. On pourra au reste, sans grande erreur, lui substituer l'ellipse en prenant la valeur moyenne de ε qui répond à l'étendue des valeurs des vitesses normales de zéro à AX ou AD.

Quant à la longueur BB″, elle sera toujours la distance DB réduite dans le rapport f, qui exprime le frottement de la bille contre la bande.

Le coefficient f, ayant été trouvé assez constant et égal à $\frac{1}{5}$, on aura ces distances BB″ en prenant le cinquième des ordonnées DB. Si l'on regarde B comme étant sur une ellipse, ce qui n'occasionera qu'une très-petite erreur, alors les longueurs BB″ seront les distances BG, B, G,, B, G,, B, G,, entre l'ellipse BB, B, B, et une autre ellipse GG, G, G,; on n'aura qu'à tourner les distances BG, B, G,, B, G,, B, G,, pour les mettre dans les directions KC, K, C, K, C, K, C, qui leur correspondent.

On a indiqué par les figures de 61 à 67 inclusivement divers cas de choc contre la bande.

Dans la figure 61, on a supposé que la bille du joueur avait reçu un faible coup de queue capable de donner $\frac{W_0^2}{29} = 0{,}46$ ou $W_0 = 3{,}00$, et qu'ayant frappé en dessous du centre d'une quantité égale $0{,}50$ R, on a alors $W_, = 2{,}00$ et $w = -1{,}00$. Le plan vertical du choc est supposé passer par le centre de la bille. Le choc contre la bande est supposé avoir lieu tout près du coup de queue.

Dans la figure 62, le même coup de queue est supposé avoir été donné plus loin de la bande, de manière que, au moment du choc, on a W = 1,30 et w = 0,30 ; alors la rotation rétrograde est beaucoup plus faible. Ce rapport plus faible entre la vitesse de rotation et celle de translation pouvant avoir lieu au moment du choc après un coup de queue donné moins en dessous du centre, si la bande est plus rapprochée, on peut dans ce cas donner ce coup un peu à droite ou à gauche du centre. C'est ce qui a fait qu'on a construit dans cette figure, pour chaque angle d'incidence, trois marches réfléchies, suivant que le plan vertical du choc est à droite du centre, sur le centre même, et à gauche du centre : elles sont réunies par un petit arc de cercle. Les numéros sans accent répondent au coup par le centre, les simples accens au coup donné à droite, et les accens doubles au coup donné à gauche. L'écart h entre le plan de choc et le centre est supposé d'environ 0,50 R. Si ce plan de choc est moins éloigné du centre on aura des marches intermédiaires.

La figure 63 répond au cas où la bande étant encore plus éloignée du lieu où le même coup de queue a été donné, la bille est à l'état de glissement quand elle la choque : alors il n'y a pas de courbe décrite, la bille est réfléchie en ligne droite. Mais elle peut l'être dans deux systèmes de directions; les premières sont marquées par un accent, et les deuxièmes par deux accens. Les premières marches auront lieu quand on aura

$$W . \frac{h}{\frac{2}{5}R} > W \cos . \varphi,$$

ou , ce qui revient au même , quand le point K de la figure de construction , qui alors se confond avec le point O , tombera plus près du joueur que le point C. Les deuxièmes marches marquées de deux accens auront lieu quand on aura

$$W, \frac{h}{\frac{2}{5}R} < W \cos. \varphi,$$

c'est-à-dire quand le point O tombera plus loin du joueur que le point C. Quand ces deux points ne sont pas tout-à-fait l'un sur l'autre , mais qu'ils sont peu éloignés , alors il y a une modification à faire aux constructions pour avoir la marche intermédiaire. Nous renverrons pour cela à ce qui est développé au chapitre VII.

La figure 64 présente le choc contre la bande après le même coup de queue, mais en supposant cette bande encore plus éloignée , de manière que la bille soit à l'état final de roulement quand elle la choque. On n'a représenté dans cette figure que les courbes répondant au cas où le plan vertical du coup de queue a passé par le centre. On voit que ces courbes sont très-peu étendues en raison de la diminution des vitesses.

La figure 65 se rapporte à un choc contre la bande après un coup de queue donné en dessus du centre et lorsque la bande est très-près du lieu où le coup de queue a été donné ; en sorte que la vitesse de rotation est directe et assez grande. La figure à l'échelle suppose , au moment du choc , $W = 3,00$ et $w = 1,50$, ce qui entraîne $W, \frac{l}{R} = 4,50$, et $l = 1,47 R$. Les trois marches réunies par un arc de cercle ponctué répondent à un même angle d'incidence. Celle dont le numéro ne porte pas d'accent répond au cas où le plan vertical du choc passe par le centre de la bille. Celle dont le numéro est affecté d'un accent répond au coup de queue donné à droite, et celle dont le numéro est affecté de deux accens répond au coup donné à gauche.

La figure 66 répond au même coup de queue, mais en supposant la bande un peu plus éloignée, de manière que la bille est arrivée à l'état final au moment du choc. Elle suppose, à l'échelle, $W = 2^m,80$ et $w = \frac{2}{5} W$. Les accens distinguent les trois positions du plan vertical du choc de la queue.

La figure 67 présente un exemple d'un deuxième choc contre la bande, très-près d'un premier choc contre une bille. Elle suppose qu'on a donné le coup de queue un peu haut pour accroitre cette rotation directe et mettre la bille à l'état final au moment du premier choc. La force du coup de queue aurait donné au moment du premier choc contre la bille $W = 3^m,23$ et $w = \frac{2}{5} W$. La bille adverse a été choquée à un quart d'angle droit du point d'arrière.

On voit les trois marches répondant aux trois positions du plan vertical du coup de queue comme dans les figures précédentes. Après le ricochet, la marche répondant au coup de queue à gauche devient parallèle à la bande.

La figure 68 montre l'effet d'un coup de queue incliné, lequel est dirigé comme l'indiquent les flèches qui en représentent les projections. Il est supposé assez fort pour qu'étant donné horizontalement et au centre il aurait pu produire une vitesse de $7^m,00$, c'est-à-dire celle qui est due à la hauteur de $2^m,50$. Le frottement

du tapis est supposé, conformément aux expériences, du cinquième pendant le choc et du quart pendant le mouvement qui a lieu après. On voit, par le
tracé géométrique de la marche de la bille, qu'elle peut
caramboler sur deux billes placées sur une ligne droite
partant de son point de départ. Il suffit qu'elle touche
la deuxième bille en un point assez loin du point
d'arrière, c'est-à-dire qu'elle la prenne fine, comme
disent les joueurs. On pourrait encore caramboler en
la prenant très-pleine, si la vitesse était assez forte
pour se conserver jusqu'à l'autre bille, et si le tapis
était très-juste.

On pourrait varier à l'infini les applications des
constructions générales. Nous n'avons présenté que
les principales pour ne pas rendre l'ouvrage trop vo-
lumineux. Les joueurs pourront facilement étendre
ces applications, en changeant, s'il y a lieu, les constantes qui dépendent de la nature du billard. Ils verront dans le texte de cet ouvrage des moyens indirects
de déterminer ces constantes.

Nous répéterons ici ce que nous avons déjà dit pour
les chocs entre les billes : c'est que les dimensions des
courbes croissent ou décroissent, non dans le rapport
des vitesses, mais dans le rapport de leurs carrés. Si
donc on change l'échelle des vitesses pour les considérer comme plus ou moins grandes, on devra changer
l'étendue des courbes. Mais les directions et les grandeurs des vitesses finales resteront toujours les mêmes.

On doit remarquer aussi que les constructions qui
donnent les directions finales subsistent toujours,
quelles que soient les lois que suivent les deux frottemens de glissemens et de roulement.

CHAPITRE PREMIER.

Mouvement d'une bille sur un plan horizontal, en ayant égard aux frottemens.

Nous commencerons par étudier le mouvement d'une bille sur un plan où elle frotte, en le considérant comme résultant de certaines vitesses initiales de translation et de rotation. Dans les chapitres suivans nous examinerons comment le choc de la queue et le choc des billes, entre elles et avec la bande, influent sur les vitesses initiales et par suite sur le mouvement de la bille : ce sera seulement dans cette seconde partie que l'on commencera à voir ressortir, comme conséquence de la théorie, les règles sur la manière de donner le coup de queue pour produire les effets qu'on a en vue.

Reprenons d'abord ici la théorie assez connue du mouvement d'un corps solide, mais en l'appliquant de suite à la sphère afin d'arriver beaucoup plus directement aux équations de son mouvement.

La bille étant supposée homogène et parfaitement sphérique, il n'y a pas lieu à considérer son poids dont l'effet est détruit; on devra seulement avoir égard aux forces qui naissent des frottemens. Pour une parfaite exactitude, il faut tenir compte de deux espèces de frottemens : un premier, qui est le frottement de glissement, c'est celui qui se manifeste quand la bille glisse sur le tapis; un second, qu'on peut appeler frottement de roulement. Ce dernier a lieu indépendamment du glissement des surfaces, il provient d'un fléchissement que le poids de la bille produit sur le tapis, et il donne naissance à une force agissant dans une direction qui s'incline sur la pression verticale, et produit une composante horizontale dont la direction est opposée à celle de la vitesse du centre de la bille. Ainsi, tandis que le frottement de glissement doit agir en sens opposé de la vitesse de glissement du point d'appui de la bille sur le tapis, la force horizontale produite par le frottement de roulement agit en sens opposé de la vitesse du centre de la bille. Ce dernier frottement n'est qu'une très-petite fraction du premier; on pourrait donc le négliger sans erreur pour les applications au jeu de billard. Mais nous ne le ferons pas d'abord, et nous réunirons ces deux forces en une.

Désignons par U et V les vitesses du centre de gravité de la bille dans le sens de deux axes coordonnés pris dans le plan horizontal sur lequel elle se meut, vitesses dont la résultante sera W. Représentons par M la masse de la bille, et par X et Y, les composantes dans le sens des axes de la force produite par les frottemens sur le tapis.

Nous aurons les équations

$$M \frac{dU}{dt} = X$$

(A)

$$M \frac{dV}{dt} = Y.$$

Désignons par *dm* la masse d'un quelconque des élémens de la bille par x, y, z, ses coordonnées rapportées à des plans passant par son centre de gravité et restant fixes en direction.

Nous supposerons que l'axe des z est en dessus du tapis, et que l'axe des y est pris à gauche de l'axe des x pour un observateur, sur l'axe des z positifs.

En appelant R le rayon de la bille : les coordonnées du point où agit le frottement seront $x = 0$, $y = 0$, $z = -$ R.

Les équations du mouvement de rotation, formées en égalant les momens autour du centre, seront :

$$\int dm \left(y \frac{d^2x}{dt^2} - x \frac{d^2y}{dt^2} \right) = \quad 0$$

(B) $\quad$ $$\int dm \left(x \frac{d^2z}{dt^2} - z \frac{d^2x}{dt^2} \right) = \quad RX$$

$$\int dm \left(z \frac{d^2y}{dt^2} - y \frac{d^2z}{dt^2} \right) = - RY.$$

Pour les réduire aux trois variables qui déterminent le plus simplement le mouvement d'une sphère, nous représenterons par Ω la vitesse angulaire de rotation, et par α, β, γ les angles que fait avec les axes l'axe instantané de rotation en le prenant d'un côté tel que la rotation se fasse de gauche à droite autour de cet axe; de sorte que dans le cas où cet axe de rotation tomberait par exemple sur l'axe des x positifs, les points supérieurs de la bille tourneraient de z vers y. Les angles α, β, γ étant pris comme nous venons de le dire, nous poserons :

$$\Omega \cos. \alpha = p$$
$$\Omega \cos. \beta = q$$
$$\Omega \cos. \gamma = r.$$

On peut remarquer que les qualités p, q, r sont aussi les projections sur les plans coordonnés des vitesses de rotation pour les points situés dans les grands cercles parallèles à ces plans coordonnés.

Les cinq élemens U, V, p, q, r détermineront complétement le mouvement de la bille.

Il est facile d'exprimer au moyen de p, q, r, la somme des momens des quantités de mouvement sur les plans coordonnés.

Si l'on appelle K le moment d'inertie de la bille par rapport à l'un de ses diamètres, Ω K sera l'expression de la somme des momens des quantités de mouvement par rapport à l'axe de rotation. Cette somme de momens projetée sur les plans coordonnés donnera pR, Kq, Kr. Ainsi on a :

$$\int dm \left(y \frac{dx}{dt} - x \frac{dy}{dt} \right) = \mathrm{K} r$$

$$\int dm \left(x \frac{dz}{dt} - z \frac{dx}{dt} \right) = \mathrm{K} g,$$

$$\int dm \left(z \frac{dy}{dt} - y \frac{dz}{dt} \right) = \mathrm{K} p;$$

ou bien :

$$\int dm \left(y \frac{d^2x}{dt^2} - x \frac{d^2y}{dt^2} \right) = \mathrm{K} \frac{dr}{dt},$$

$$\int dm \left(x \frac{d^2z}{dt^2} - z \frac{d^2x}{dt^2} \right) = \mathrm{K} \frac{dq}{dt},$$

$$\int dm \left(z \frac{d^2y}{dt^2} - y \frac{d^2z}{dt^2} \right) = \mathrm{K} \frac{dp}{dt}.$$

Les équations (B) du mouvement de rotation deviendront donc

$$\mathrm{K} \frac{dr}{dt} = 0,$$

(C)

$$\mathrm{K} \frac{pq}{dt} = \mathrm{R} X.$$

$$\mathrm{K} \frac{dp}{dt} = -\mathrm{R} Y.$$

En combinant ces équations avec celles du mouvement du centre de gravité, qui sont :

(A)
$$M \frac{dU}{dt} = X,$$
$$M \frac{dV}{dt} = Y,$$

On en tirera les cinq inconnues U , V, p, q, r, quand on connaîtra les forces X et Y.

Quelles que soient les forces produites par les frottemens, il suffit qu'elles agissent toujours horizontalement et au point le plus bas de la bille pour qu'on ait les équations ci-dessus. Par ces équations (A), on voit que le centre de la bille décrira une ligne courbe tant que les forces XY ne seront pas dirigées dans le sens même de la vitesse du centre dont U et V sont les composantes. Cela arrivera toujours si le glissement au point d'appui sur le tapis n'a pas lieu dans la direction même de la vitesse du centre, c'est-à-dire si l'axe de rotation n'est pas perpendiculaire à cette vitesse.

En éliminant X et Y dans les équations (C) et (A), on aura

$$K \frac{dr}{dt} = 0,$$
$$K \frac{dq}{dt} = R M \frac{dU}{dt},$$
$$K \frac{dp}{dt} = - R M \frac{dV}{dt}.$$

Si l'on remarque que dans une sphère $\frac{K}{MR} = \frac{2}{7} R$,

les équations ci-dessus deviendront

$$R \frac{dr}{dt} = 0,$$

$$\tfrac{5}{2} R \frac{dq}{dt} = \frac{dU}{dt},$$

$$- \tfrac{5}{2} R \frac{dp}{dt} = \frac{dV}{dt}.$$

En intégrant ces équations et désignant par $U_,$, $V_,$, $p_,$, $q_,$, $r_,$ les valeurs initiales des variables, on aura

$$r = r,$$

$$U - U_, = \tfrac{2}{5} R (q - q_,),$$

(D) $\qquad V - V_, = \tfrac{2}{5} R (p - p_,).$

Ces équations montrent 1° que r sera constant, 2° que p et q ne changeront qu'avec U et V; *ainsi la bille ne peut changer d'axe de rotation qu'autant qu'elle ne marchera pas uniformément, et réciproquement.*

Les relations ci-dessus se présentent sous une forme plus symétrique et plus commode si l'on change les variables.

Désignons par u et v les composantes de la vitesse w de rotation du centre de percussion supérieur de la bille, c'est-à-dire d'un point situé sur la verticale passant par le centre et à une hauteur égale au $\frac{2}{5}$ du rayon en dessus de ce centre; on aura, d'après la définition des quantités $p \, q \, r$,

$$\tfrac{2}{5} R \, p = v,$$

$$\tfrac{2}{5} R \, q = - u.$$

Ainsi, en marquant toujours les valeurs initiales par des accens en bas des lettres, on aura

$$u - u_, = U_, - U$$

$$v - v_, = V_, - V$$

ou bien

(E) $\qquad u + U = u + U_,$

$\qquad\qquad v + V = v_, + V_,$

Ces dernières équations apprennent que *la résultante
de la vitesse du centre et de celle du centre de percussion
supérieur est toujours constante pendant le mouvement.*
Ce théorème subsiste, quelle que soit la nature de la
force qui a lieu au point d'appui. Ainsi, il a lieu en
considérant les deux frottemens comme si l'on n'en
considérait qu'un.

Remarquons maintenant qu'à l'instant où la bille
ne glisse plus au point d'appui le frottement, de glissement cessera d'exister ; il ne restera que l'autre qui
ne sera plus capable de changer la direction du
mouvement de la bille ; alors celle-ci roulera en ligne
droite sans se détourner. Or, l'instant où cela arrivera
sera celui où la vitesse de rotation au point d'appui
sera égale et opposée à celle du centre, ou, ce qui revient au même, celui où la vitesse de rotation du
point situé sur la verticale à l'opposé du point d'appui
au-dessus du centre sera égale et dans le même sens
que celle du centre.

Or, les composantes de la vitesse de ce dernier point
sont :

$$\tfrac{5}{2}\, u, \ \tfrac{5}{2}\, v,$$

Ainsi la bille roulera sans glisser et ira en ligne
droite lorsqu'on aura

$$U = \tfrac{2}{5}\, u, \ V = \tfrac{5}{2}\, v,$$

ou

$$u = \tfrac{2}{5}\, U, \ v = \tfrac{2}{5}\, V,$$

En substituant dans les équations précédentes (E),
on aura

$$\tfrac{7}{5}\, U = U_{,} + u_{,}$$
$$\tfrac{7}{5}\, V = V_{,} + v_{,}$$

ou

$$U = \tfrac{5}{7}\, (U_{,} + u_{,}),$$
$$V = \tfrac{5}{7}\, (V_{,} + v_{,}),$$

Ces valeurs de U et de V sont donc les vitesses qu'aura
le centre lorsque la bille aura fini de se mouvoir en
ligne courbe et qu'elle suivra une ligne droite en roulant. Ces vitesses donnent ce que nous appellerons ici
la *direction finale* du mouvement de la bille. Ainsi
cette direction finale est indépendante de la nature des
frottemens ; *elle est toujours la direction de la résultante de la vitesse* W *du centre de la bille et de la vitesse
w de rotation du centre de percussion supérieure* : et
cela, quelle que soit la nature des deux frottemens.

Nous allons maintenant nous occuper du mouvement de la bille avant qu'elle soit arrivée à cet état
final et pendant qu'elle frotte sur le tapis, afin
d'avoir la courbe qu'elle décrit et la manière dont varient les vitesses U et V de son centre pendant cette
première partie de son mouvement.

Pour cela nous négligerons le frottement de roulement qui est très-petit devant celui de glissement.

Introduisons donc, dans les équations (A), la direction de la force due au seul frottement de glissement.

On sait que le frottement de glissement agit dans
une direction opposée à la vitesse du point qui vient
toucher le tapis ; ainsi, en appelant comme à l'ordinaire
f le rapport constant ou variable du frottement à la
pression, on aura

$$X = -fg \text{ M cos. } a,$$
$$Y = -fg \text{ M cos. } b,$$

a et b étant les angles que fait avec les axes la vitesse
du point matériel de la bille qui touche le tapis. Cette
vitesse est la résultante de la vitesse de translation du
centre et de la vitesse de rotation du point d'appui.

La vitesse de rotation au point d'appui a évidemment pour composantes

$$- \tfrac{s}{2}\, u, \; - \tfrac{s}{2}\, \nu.$$

Ainsi la vitesse absolue de ce point aura pour composantes, suivant les axes,

$$U - \tfrac{s}{2}\, u, \; V - \tfrac{s}{2}\, \nu.$$

Ainsi on a

$$\cos. a = \frac{U - \tfrac{s}{2}\, u}{\sqrt{(U - \tfrac{s}{2}\, u)^2 + (V - \tfrac{s}{2}\, \nu)^2}},$$

$$\cos. b = \frac{V - \tfrac{s}{2}\, \nu}{\sqrt{(V - \tfrac{s}{2}\, u)^2 + (V - \tfrac{s}{2}\, \nu)}}.$$

Désignons ici, pour abréger, par W_a le dénominateur de ces expressions, c'est-à-dire la vitesse absolue du point qui frotte; cette quantité W_a sera toujours prise positivement, les signes de ces cosinus étant fournis par les numérateurs. On aura ainsi

$$X = - fg\, M\, \frac{(U - \tfrac{s}{2}\, u)}{W_a},$$

$$Y = - fg\, M\, \frac{(V - \tfrac{s}{2}\, \nu)}{W_a}.$$

Les équations (A) deviendront donc

$$\frac{dV}{dt} = - fg\, \frac{(U - \tfrac{s}{2}\, u)}{W_a},$$

$$\frac{dV}{dt} = - fg\, \frac{(V - \tfrac{s}{2}\, \nu)}{W_a}.$$

Nous remettrons dans ces équations les valeurs de u et ν en U et V, tirées des équateurs (E) qui sont

$$u = U_1 + u_1 - U,$$
$$\nu = V_1 + \nu_1 - V.$$

En appelant U_2 et V_2 les valeurs des vitesses finales trouvées plus haut; c'est-à-dire en posant

(F)
$$U_2 = \tfrac{5}{7}(U_1 + u_1),$$
$$V_2 = \tfrac{5}{7}(V_1 + v_1),$$

et par suite

$$W_a = \tfrac{2}{7}\sqrt{(U - U_2)^2 + (V - V_2)}.$$

Les équations différentielles ci-dessus deviennent ainsi

$$\frac{dU}{dt} + \tfrac{7}{2}fg\left(\frac{U - U_2}{W_a}\right) = o^2,$$

$$\frac{dV}{dt} + \tfrac{7}{2}fg\left(\frac{V - V_2}{W_a}\right) = o,$$

Si l'on élimine W_a, on aura

$$\frac{dU}{U - U_1} = \frac{dV}{V - V_2}.$$

Cette équation ne dépend plus de la loi suivant laquelle le frottement peut varier, puisque f s'est éliminé avec W_a. En l'intégrant à partir de l'origine du mouvement, et passant des logarithmes aux nombres, on trouve

(G)
$$\frac{U - U_2}{U_1 - U_2} = \frac{V - V_2}{V_1 - V_2}.$$

On conclut de là que les rapports $\dfrac{U - U_2}{W_a}$ et $\dfrac{V - V_2}{W_a}$, ou bien

$$\frac{U - U_2}{\sqrt{(U - U_2)^2 + (V - V_2)^2}} \quad \text{et} \quad \frac{V - V_2}{\sqrt{(U - U_2)^2 + (V - V_2)^2}},$$

qui expriment les cosinus des angles que fait avec les axes fixes la vitesse au point d'appui, sont des quantités constantes pendant tout le mouvement. Ces cosinus restent ainsi pendant toute la durée du mouvement égaux à leurs valeurs initiales

$$\frac{U_1 - U_2}{\sqrt{(U_1 - U_2)^2 + (V_1 - V_2)^2}} \quad \text{et} \quad \frac{V_1 - V_2}{\sqrt{(U_1 - U_2)^2 + (V_1 - V_2)^2}}.$$

Nous arrivons donc à cette conséquence remarquable, c'est que *dans le mouvement d'une bille sphérique et homogène sur un plan horizontal qui exerce un frottement de glissement sur celle-ci, la direction du frottement ne varie pas pendant le mouvement.*

Ce théorème va nous permettre de traiter avec facilité tout ce qui concerne le mouvement d'une bille en ayant égard au frottement sur le tapis.

Le mouvement sera varié et non uniforme toutes les fois qu'on n'aura pas à l'origine du mouvement

$$U_1 = U_2 \text{ et } V_1 = V_2.$$

ou bien, à cause de $U_2 = \frac{5}{7}(U_1 + u_1)$, et $V_2 = \frac{5}{7}(V_1 + v_1)$,

$$U_1 - \frac{5}{2} u_1 = 0.$$
$$V_1 - \frac{5}{2} v_1 = 0.$$

c'est-à-dire toutes les fois que la vitesse au point où il y a frottement ne sera pas nulle à l'origine.

Si, à un instant quelconque, cette vitesse devient nulle, alors le frottement cesse et la valeur de f éprouve une discontinuité qui en produit une aussi dans le mouvement. A cet instant on doit poser $f = 0$, et l'on a toujours alors

$$\frac{dU}{dt} = 0, \quad \text{et} \quad \frac{dV}{dt} = 0.$$

Ainsi les vitesses U et V ne changent plus : et il en est de même des quantités p, q, r, qui dépendent uniquement de ces vitesses.

Quand les vitesses initiales U_1 et V_1 ne coïncident

pas avec U_2 et V_2, les équations différentielles donnant pour dU et dV les mêmes signes que pour $U_2 - U$ et $V_2 - V$, on en conclut que les vitesses U et V iront toujours en s'approchant de U_2 et V_2, jusqu'à ce que l'on ait enfin $U = U_2$, $V = V_2$, ou, ce qui revient au même, jusqu'à ce qu'on ait,

$$U - \tfrac{5}{2}u = 0,$$
$$V - \tfrac{5}{2}v = 0.$$

Alors la vitesse au point d'appui devenant nulle, le frottement disparaît; on a $f = 0$, et le mouvement devient uniforme. La bille alors roule sur le tapis de manière que son centre se meut en ligne droite avec une vitesse constante. C'est par suite de cette remarque que nous appelons *vitesse finale* cette vitesse dont les composantes suivant les axes sont les constantes U_2 et V_2 déterminées au moyen des vitesses initiales par les relations déjà posées,

$$U_2 = \tfrac{5}{7}(U_1 + u_1),$$
$$V_2 = \tfrac{5}{7}(V_1 + v_1).$$

Rappelons encore ici que la grandeur de la vitesse finale ne dépend nullement ni de l'intensité ni de la loi suivant laquelle varie le frottement; l'état final ne dépend que des initiales u_1, v_1, U_1, V_1.

On peut encore présenter ces valeurs sous une autre forme, en y introduisant les vitesses au point d'appui. Si l'on appelle U_a, V_a les composantes de la vitesse du point d'appui W_a, ce qui revient à poser

$$U_a = U_1 - \tfrac{5}{2}u_1,$$
$$V_a = V_1 - \tfrac{5}{2}v_1;$$

on aura en substituant dans les valeurs de U_2 et V_2,

(H)
$$U_2 = U_1 - \tfrac{2}{7}U_a,$$
$$V_2 = V_1 - \tfrac{2}{7}V_a$$

Ces valeurs donnent cet énoncé, que *la vitesse du centre de la bille dans son état final de roulement s'obtiendra en composant la vitesse initiale de ce même centre avec les $\frac{2}{7}$ de la vitesse initiale du point supérieur.* Cette dernière s'obtient en composant la vitesse de rotation pour ce point d'appui avec la vitesse du centre.

Il résulte de plus, en vertu de la forme linéaire de l'équation (G) en U et V, que si l'on porte sur le plan du tapis, à partir d'une origine fixe, une droite qui représente en grandeur et en direction la vitesse du centre de la bille pendant son mouvement, l'extrémité de cette longueur décrira une ligne droite pour aller se porter vers la position finale; et cette droite, décrite ainsi par l'extrémité de cette vitesse variable, sera dans la direction de la vitesse W_a du point d'appui de la bille. Ainsi en se portant à la figure 1, où AB représente la vitesse initiale du centre de la bille que nous désignerons par W, où AG indique la vitesse initiale de rotation au point d'appui que nous désignerons par W_r, et BF la vitesse effective à ce point que nous avons désigné par W_a; la vitesse variable du centre pendant le mouvement sera représentée par la longueur variable AB', dont l'extrémité B' se mouvera sur la droite BF : le point E, où va s'arrêter le point B', sera placé de manière que $BE = \frac{2}{7} BF$.

On peut remarquer que la direction et la grandeur de la vitesse finale de translation BE peut s'obtenir en prenant sur AG une longueur $AH = w = \frac{2}{5} AG$, et joignant le point H avec le point B par une ligne HB qui sera ainsi parallèle à la vitesse finale AE, mais qui en sera les $\frac{2}{5}$. Alors AH représente en grandeur et en direction une vitesse opposée à w : c'est celle du centre de percussion inférieur.

On peut encore avoir cette direction finale en joignant AD; le point D étant obtenu en portant sur BD parallèle à AF une distance $BD = w = \frac{2}{5} AF$, c'est-à-dire en composant la vitesse $BD = w$ du centre de percussion supérieur avec la vitesse $AB = W$ du centre de la bille.

De même qu'il y a un état final pour la vitesse de translation de la bille, il y en a un aussi pour son mouvement de rotation. Les valeurs finales de p, q, r s'obtiendront par les relations (D) en y faisant $U = U_{,}$, $V = V_{,}$; on obtient ainsi

$$R p_{,} = \frac{5}{7} V_{,} + \frac{2}{7} R p_{,} = V_{,}$$
$$R q_{,} = - \frac{5}{7} U_{,} + \frac{2}{7} R q_{,} = - U_{,};$$

et

$$R r_{,} = R r_{,}.$$

Les deux premières des équations ci-dessus donnent

$$R p_{,} - V_{,} = 0, \text{ et } R q_{,} + U_{,} = 0,$$

ou bien

$$U_{,} - \frac{5}{2} u_{,} = 0,$$
$$V_{,} - \frac{5}{2} v_{,} = 0.$$

Les premiers membres étant ici les valeurs de la vitesse au point d'appui, ces équations ne font qu'exprimer, comme cela doit être, que dans l'état final de l'axe de rotation cette vitesse est nulle, et que la bille roule et ne frotte plus; ou, ce qui revient au même, que la vitesse de rotation au point d'appui devient alors égale et opposée à celle du centre.

On déduit des valeurs ci-dessus de $R p_{,}$ et $R q_{,}$.

$$U_{,} p_{,} + V_{,} q_{,} = 0.$$

Cette relation apprend que *dans la position finale l'axe de rotation est dans un plan vertical perpendiculaire à la direction de la vitesse finale du centre de la bille.*

Si dans les équations (D) on introduit les vitesses de rotation du point d'appui qu'on représentera par U_r et V_r, en sorte qu'on ait

$$U_r = -\tfrac{5}{2}u,$$
$$V_r = -\tfrac{5}{2}v$$

et

$$R\,p = -V_r,$$
$$R\,q = \quad U_r;$$

il viendra

$$U - U_{,} = \tfrac{2}{5}(U_r - U'_r),$$
$$V - V_{,} = \tfrac{2}{5}(V_r - V'_r),$$

distinguant ici par U_r' V_r' les initiales de ces vitesses U_r et V_r.

Ces équations montrent que si l'on porte, à partir de l'origine fixe des coordonnées, une droite AG (*fig.* 1), qui représente à un instant quelconque, en grandeur et en direction, la vitesse de rotation pour le point d'appui de la bille, son extrémité G décrira une ligne droite GG″ parallèle à la droite BE décrite par l'extrémité B de la vitesse de translation du centre de la bille.

Si, au lieu de diriger la longueur qui représente la vitesse de rotation, dans le sens de cette vitesse, on la dirige dans le sens directement opposé à AG, c'est-à-dire dans le sens de la vitesse de rotation du point supérieur sur le diamètre vertical, alors l'extrémité F de cette vitesse ainsi dirigée se déplacera pendant le mouvement sur la même droite BF que l'extrémité B de la vitesse de translation. En effet, en appliquant alors

5

les lettres U_r et V_r aux projections de cette dernière longueur, on aura pour l'état final

$$U_r = U_2 \text{ et } V_r = V_2.$$

Ainsi, puisque les extrémités en question viennent se joindre dans l'état final, qu'elles doivent décrire d'ailleurs des lignes parallèles, elles se mouveront sur la même droite BF, qui joint leurs positions initiales B et F et qui représente la vitesse initiale W_a du point d'appui.

Ainsi, on peut regarder l'effet du frottemet comme tendant à rapprocher l'une de l'autre, et sur la ligne droite BF, les extrémités B' et F' des lignes qui représentent les vitesses de translation du centre et de rotation du point supérieur de la bille. Ceci est indépendant de la nature du frottement. On verra tout à l'heure que, s'il est constant, alors les extrémités B'F' s'avancent l'une vers l'autre d'un mouvement uniforme.

Si l'on veut examiner la marche de l'axe de rotation de la bille, il est clair que sa projection sur le plan du tapis sera perpendiculaire à la droite AH', ou à la droite AG' qui représente la vitesse de rotation au point d'appui. Si l'on prend un point sur cet axe à une distance du centre de la bille égale à la vitesse de rotation à l'équateur, c'est-à-dire à Ωr, les coordonnées seront les quantités Rp, Rq, Rr : comme Rr, reste constant pendant le mouvement, il s'ensuit que ce point se mouvera sur une horizontale perpendiculaire à BF. Ainsi, l'axe restera dans un plan incliné, ayant sur le tapis une trace perpendiculaire à BF. Le déplacement de cet axe est donc tellement lié à celui de la vitesse AG' au point d'appui ou à son opposée AF', que la marche de cette ligne suffit pour donner l'idée la plus complète du mouvement de l'axe.

Ayant donné les valeurs finales des élémens du mouvement de la bille, et ayant montré qu'elles ne dépendent en aucune manière de la loi que suit le frottement, et même si l'on considère le frottement de roulement, nous allons chercher maintenant les expressions variables de ces élémens en fonction du temps, en admettant alors, comme cela devient nécessaire, que le frottement de roulement est insensible et que le frottement de glissement est indépendant de la vitesse.

Dans les calculs suivans nous regarderons ainsi f comme une constante; ou plutôt, pour s'exprimer plus exactement, comme une fonction de la vitesse de glissement qui est nulle quand cette vitesse est nulle, et qui saute brusquement à une valeur finie et constante dès que cette vitesse devient sensible.

Reprenons les équations (F), et remarquons que les rapports $\dfrac{U - U_{,}}{W_a}$, $\dfrac{V - V_{,}}{W_a}$, c'est-à-dire les cosinus des angles que fait avec les axes la vitesse au point d'appui où s'exerce le frottement, ont des valeurs constantes. Les équations (E), deviendront donc

$$\frac{dV}{dt} = -fg \cos. a,$$

$$\frac{dV}{dt} = -fg \cos. b.$$

En intégrant et appelant x et y les coordonnées de la position du centre de la bille au bout du temps t, on aura

$$U = U_{,} - fg \cos. at.$$
$$V = V_{,} - fg \cos. bt.$$

et

$$x = U_, t - fg \cos. a \frac{t^2}{2},$$

$$y = V_, t - fg \cos. b \frac{t^2}{2}.$$

Les deux premières équations en U et V montrent que l'extrémité B′ de la droite, qui représente en grandeur et en direction la vitesse W du centre de la bille, avance d'un mouvement uniforme vers le point E, et à cause des relations linéaires entre U, V, U_r et V_r, l'extrémité F′ de la droite qui représente la vitesse de rotation du point supérieur, avance également vers E d'un mouvement uniforme. La vitesse constante avec laquelle l'extrémité B′ de la vitesse de translation W se porte de B vers E est égale à *fg*, et celle avec laquelle l'extrémité F′ de la vitesse de rotation W_r au point supérieur se porte de F vers E est $\frac{2}{5}$ *fg*. De plus, la vitesse *w* du centre de percussion supérieur s'obtiendra en joignant B′D, le point D étant toujours le même.

Les valeurs ci-dessus de x et y montrent que la courbe décrite est une parabole; c'est ce que l'on voit du reste directement, par cela seul que le frottement agit dans une direction constante, et qu'on vient d'admettre qu'il était aussi constant en intensité.

On pourrait avoir facilement l'équation de cette parabole, mais il est préférable de chercher seulement les points et les tangentes extrêmes de la portion de courbe décrite avant que la bille soit à son état final. Au point de départ la tangente à la courbe est la vitesse même AB, dont les composantes sont U, et V,.

Si l'on veut avoir ce qui se rapporte à l'extrémité de la courbe lorsque la bille est arrivée à l'état final, il faudra faire U = U,, V = V,, et l'on aura

$$U_2 = U_1 - fg \cos. at ,$$
$$V_2 = V_1 - fg \cos. bt.$$

On tire delà

$$t = \frac{1}{fg} \sqrt{(U_1 - U_2)^2 + (V_1 - V_2)^2},$$

Ou en mettant pour U_2 et V_2 leurs valeurs (H),

$$t = \frac{2}{7} \frac{W_a}{fg},$$

W_a désignant toujours ici la vitesse avec laquelle le point d'appui frotte sur le tapis à l'origine du mouvement.

Si l'on appelle x_2, y_2, les coordonnées du dernier point de la parabole pour la position où la bille prend sa vitesse finale rectiligne, on aura, en mettant la valeur ci-dessus de t dans les expressions qu'on vient de donner des coordonnées du centre de la bille à un instant quelconque,

(I)
$$x_2 = \frac{2 W_a}{7 fg} \left(\frac{U_1 + U_2}{2} \right),$$
$$y_2 = \frac{2 W_a}{7 fg} \left(\frac{V_1 + V_2}{2} \right).$$

En vertu des équations (H), ces valeurs peuvent se mettre sous la forme

(J)
$$x_2 = \frac{2 W_a}{7 fg} \left(U_1 - \frac{U_a}{7} \right),$$
$$y_2 = \frac{2 W_a}{7 fg} \left(V_1 - \frac{V_a}{7} \right).$$

U_a et V_a étant ici les composantes de la vitesse de frottement W_a à l'origine.

On peut encore introduire les vitesses u_1 et v_1 du centre d'oscillation supérieur dans les coordonnées x_2 et y_2, et l'on aura

(K)
$$x_2 = \frac{12 W_a}{49 fg} \left(U_1 + \tfrac{5}{12} u_1 \right),$$
$$y = \frac{12}{49} \cdot \frac{W_a}{fg} \left(V_1 + \tfrac{5}{12} v_1 \right).$$

Il est facile de voir, par les valeurs (I) de x_{2} et de y_{2}, que si l'on prend sur BF un point M au milieu de BE, le rayon AM passera par le point dont x_{2} et y_{2} sont les coordonnées. Pour placer ce point sur ce rayon, il suffira de réduire la longueur AM dans le rapport de $\frac{2}{7} W_{a}$ à fg. On effectuera cette réduction en prenant AJ $= fg$ et parallèle à FB, et en menant IL parallèle à JM par le point I qui répond à AI $=$ BE $= \frac{2}{7} W_{a}$. Le point L ainsi déterminé sur AM sera l'extrémité de la courbe décrite par la bille. Par ce point L menant une droite LV parallèle à AE, on aura la marche finale de la bille.

On peut construire la position de la marche finale LV de la bille, la seule chose dont on ait besoin ordinairement pour assurer le jeu, en cherchant seulement le point où cette droite coupe la direction AG de la vitesse de rotation au point d'appui. C'est ce que l'on fera de la manière suivante.

La droite parcourue par la bille dans sa marche finale passant par le point dont les coordonnées sont x_{2} et y_{2}, et se dirigeant suivant une ligne parallèle à la vitesse finale dont les composantes sont U_{2} et V_{2}, son équation sera

$$\frac{y - y_{2}}{x - x_{2}} = \frac{V_{2}}{U_{2}}.$$

Si l'on prend la direction de la vitesse de rotation du point d'appui pour axe des y, et qu'on fasse dans cette équation $x = 0$, la valeur de y sera la distance cherchée; en la désignant par ρ, on aura

$$\rho = y_{2} - \frac{V_{2}}{U_{2}} x_{2}.$$

Mais on a en même temps par les formules F et J qui donnent U_{2} et V_{2} et x_{2} et y_{2}, en y faisant $u_{1} = 0$ et

$v_{r} = w$ à cause de la direction des axes, et appelant toujours ainsi w, la vitesse initiale de rotation du centre de percussion supérieur

$$U_2 = \tfrac{5}{7}\, U_1,$$
$$V_2 = \tfrac{5}{7}\, (V_1 + v_1),$$
$$x_2 = \tfrac{12}{49}\, \frac{W_a\, U_1}{fg},$$
$$y_2 = \tfrac{12}{49}\, \frac{W_a}{fg}\, (V_1 - \tfrac{1}{6}\, w_1).$$

On en déduit

$$\rho = -\frac{W_a\, w_1}{7 fg}.$$

Le signe de cette valeur indique qu'elle se portera du côté opposé à w_1. On la construira en menant par le point J (*fig.* 2), pris comme dans la figure 1, une ligne JH, et par le point P, milieu de AI, une parallèle PR à JH; le point R où elle coupe la droite AH donnera $AR = \dfrac{W_a\, w_1}{7 fg}$.

Si l'on voulait la distance entre A et la droite RLV, en la comptant sur la direction de la vitesse BF, on se servirait alors des valeurs (J), en posant $U_a = 0$ et $V_a = W_a$; on aurait ainsi

$$\rho = \frac{(\tfrac{2}{7}\, W_a)_2}{2 fg}.$$

Cette distance, qui doit être portée sur AI, est égale à la hauteur due à la vitesse $\tfrac{2}{7}\, W_a$ multipliée par $\dfrac{1}{f}$. On la construirait encore facilement.

Si enfin on voulait avoir la distance entre A et le point où la ligne finale LV décrite par la bille vient couper la direction de AB, on trouverait

$$\rho = \frac{W_a\, W_1}{7 fg}.$$

On construirait cette valeur en menant par P, milieu de AI, une parallèle PQ à JB; le point J étant toujours tel qu'on ait $AI = fg$. La droite finale LV devrait passer par le point Q ainsi obtenu.

Si l'on veut déterminer la perpendiculaire abaissée du point A sur la droite finale; en l'appelant π, on aura, en égalant les momens de la vitesse finale à la différence des momens des composantes,

$$\pi = \frac{x_2 V_2 - y_2 U_2}{W_2},$$

et en substituant pour $x_2 y_2$ leurs valeurs en $U_1 V_1$ et $U_2 V_2$, on aura

$$= \frac{W_a (V_1 U_r - U_1 V_2)}{7 fg W_2}.$$

En introduisant le sinus de l'angle $(\varphi - \psi)$ que font les directions initiale et finale,

on aura

$$\pi = \frac{W_a W_1}{7 fg} \sin. (\varphi - \psi).$$

On peut construire cette valeur facilement (*fig.* 2) en abaissant de A la perpendiculaire AT une HB; elle sera $W_1 \sin. (\psi - \varphi)$. Par le point J, pris comme sur la figure 1, on tracera JT, et ensuite par le point P, milieu de AI, on mènera PS parallèle à JT; cette droite coupera la ligne AT au point S, qui donnera $AS = \pi$.

Si l'on suppose que la vitesse de rotation w du centre de percussion est dirigée dans le sens de la vitesse W de translation du centre ou en sens opposé, la bille continue de marcher en ligne droite, mais son mouvement est varié jusqu'à ce qu'elle soit arrivée à l'état final; alors la ligne AB tombe sur AF ou en sens opposé, et la vitesse finale W_2 est donnée par

$$W_2 = \tfrac{5}{7}\,(W_1 + w_1).$$

En même temps on a pour la distance y_2, parcourue par la bille jusqu'à ce qu'elle soit arrivée à son état final,

$$y_2 = \tfrac{12}{49}\,\frac{W_a}{fg}\,(W + \tfrac{5}{12}\,w_1)$$

et comme

$$W_a = W_1 - \tfrac{5}{2}\,w_1,$$

on a

(K)
$$y_2 = \tfrac{12}{49}\,(W_1 - \tfrac{5}{2}\,w_1)\,(W_1 + \tfrac{5}{12}\,w_1).$$

Ici le signe doit être seulement celui de $W_1 + \tfrac{5}{12}\,w_1$ puisque le facteur W_a dans les formules n'a pas de signe par lui-même, ceux-ci se portant entièrement sur les composantes U, V, u et v, dont les résultantes sont W et w.

Si la bille est partie sans rotation, on a alors

$$y_2 = \pm\,\tfrac{24}{49}\cdot\frac{W_1^2}{2fg},$$

le signe étant celui de W_1. Si elle est partie sans vitesse de translation, alors on a

$$y_2 = \pm\,\tfrac{25}{49}\cdot\frac{w_1^2}{2fg},$$

le signe étant celui de w_1.

Si l'on veut la relation générale entre le chemin décrit y à un instant quelconque, et la vitesse du centre W à cet instant, on aura

$$t = \pm\,\left(\frac{W_1 - W}{fg}\right),$$

et
$$y = \mathrm{W}_{,}\, t \mp \frac{fg\,t^{2}}{2},$$

le signe inférieur étant pris seulement dans les cas où l'on a $\mathrm{W}_{,} - \frac{5}{2} w_{,} < 0$, et où la vitesse absolue W_{a} au point d'appui étant dirigée en sens opposé à celle du centre, le frottement tendra à accélérer le mouvement au lieu de le retarder.

On tire des équations précédentes
$$y = \pm\, \frac{\mathrm{W}_{,}^{2} - \mathrm{W}^{2}}{2fg},$$

le signe étant pris pour rendre cette quantité positive.

Si l'on désigne par Y la distance $\dfrac{\mathrm{W}_{,}^{2}}{2fg}$, on aura
$$\mathrm{W}^{2} = 2fg\;(\mathrm{Y} - y),$$
si $\mathrm{W}_{,} - \frac{5}{2} w_{,} > 0$;
et
$$\mathrm{W}^{2} = 2fg\;(\mathrm{Y} + y).$$
si $\mathrm{W}_{,} - \frac{5}{2} w_{,} < 0.$

On voit par ces valeurs que la vitesse en fonction de la distance y est représentée par l'ordonnée d'une parabole dont la distance focale est $\dfrac{fg}{2}$, et dont le sommet est à une distance Y ou $\dfrac{\mathrm{W}_{,}^{2}}{2fg}$ du point de départ de la bille, soit devant le joueur quand $\mathrm{W}_{,} - \frac{5}{2} w_{,} > 0$, comme le représente la courbe CGK dans la figure 6, soit derrière quand $\mathrm{W}_{,} - \frac{5}{2} w_{,} < 0$, comme le représente la courbe CGK dans la figure 7.

Quant à w, il sera donné par la partie d'ordonnée comprise entre l'une ou l'autre des paraboles, et une parallèle à l'axe MK tracée à une hauteur égale à $\mathrm{W}_{,} + w_{,}$; $w_{,}$ étant la valeur de w à l'origine.

Quand nous aurons parlé de l'effet du coup de queue, nous reviendrons avec plus de détails sur la construction des vitesses W et w, au moyen de ces figures 6 et 7.

Pour réduire en nombre quelques-unes des formules trouvées dans les articles précédens, j'ai fait des expériences qui ont eu pour objet de déterminer la vitesse que peut prendre la bille sous le coup de queue quand on la frappe dans la direction du centre.

Ayant fait frapper horizontalement une bille de grosseur ordinaire qui était suspendue par un fil d'environ 2^m de longueur, j'ai observé que, pour un coup de queue, comme le donne un joueur ordinaire, mais non pas pour le plus fort coup que pourraient donner certains joueurs, la bille remontait verticalement d'environ 1^m, 20; et que pour un coup de queue très-fort, la hauteur pouvait aller à 2,50. Ainsi, en appelant W_0 la vitesse initiale du centre de la bille, on a pour un coup ordinaire

$$\frac{W_0^2}{2g} = 1,20, \text{ ou } W_0 = 4,86 ;$$

et pour un coup fort

$$\frac{W_0^2}{2g} = 2,50 , \text{ ou } W_0 = 7,00.$$

Pour déterminer le coefficient f, j'ai disposé un appareil au moyen duquel la bille se trouvait tirée horizontalement sur le tapis par un fil tendu avec un poids. En faisant des marques sur le tapis j'ai pu arriver à reconnaître que le mouvement de la bille était sensiblement uniforme quand elle était mue avec une force égale aux 0,25 de son poids sur un drap fin, et aux 0,30 de son poids sur un drap plus gros ou plus usé.

La première valeur est celle qu'il faut adopter pour

un billard en bon état. Quoique les choses n'aient pas été disposées pour observer des vitesses au delà de 1^m, oo par seconde, tandis qu'après le coup de queue une bille peut prendre une vitesse beaucoup plus forte; cependant comme d'autres expériences, entre autres celles de M. Morin, ont montré que pour tous les corps, les frottemens jusqu'à des vitesses de 4 mètres, sont indépendans de la vitesse, nous avons pu, sans crainte d'erreur, admettre qu'il en est de même ici pour le frottement de la bille contre le tapis, et qu'il reste toujours indépendant de la vitesse. Prenant donc pour les applications

$$f = 0,25,$$

on a pour un coup de queue ordinaire

$$\frac{W_o^2}{2fg} = 4,80;$$

et pour un fort coup de queue

$$\frac{W_o^2}{2fg} = 10,00.$$

Ainsi, lorsque la bille part sans rotation, comme cela arrive quand la queue l'a frappée dans une direction qui passe par son centre, la distance y_2 du point de départ au point où la bille commence à rouler sans glisser et arrive à l'état que nous avons appelé final, étant donnée par

$$y_2 = \tfrac{24}{49} \frac{W_o^2}{2fg},$$

ou à très-peu près par

$$y_2 = \tfrac{1}{2} \frac{W_o^2}{2fg},$$

devient, pour une vitesse ordinaire,

$$y_1 = 2,40,$$

et pour la plus forte vitesse

$$y_2 = 5,00.$$

On verra dans le chapitre suivant comment ces distances doivent être modifiées lorsque la queue ne touche pas la bille de manière que la ligne du choc passe par son centre.

CHAPITRE II.

De l'effet du coup de queue horizontal.

Nous allons examiner maintenant les effets du choc de la queue sur la bille, en le supposant d'abord dirigé parallèlement au tapis. Nous consacrerons un autre chapitre au coup de queue incliné; la théorie qui en donne les effets étant plus compliquée et moins nécessaire aux applications au jeu ordinaire, nous avons pensé qu'il valait mieux la présenter séparément.

On emploie deux espèces de queues; les unes, dites à procédé, sont terminées à leur pointe par une garniture de cuir formant une espèce de demi-sphère saillante, les autres sont coupées à la pointe suivant un plan perpendiculaire à leur longueur. Quand on se sert des premières, on a soin de frotter la garniture avec une substance qui augmente le frottement sur la bille. On fait en sorte par-là qu'il ne se produise pas de glissement entre la queue et la bille pendant le choc, lors même que la direction de la vitesse des points de la queue qui viennent choquer la bille fait un angle assez sensible avec la normale à la bille : ce glissement ne peut en effet avoir lieu tant que cet angle est inférieur à celui du frottement. Pour les queues

non garnies et coupées d'équerre à leur axe, comme
on ne peut frapper que dans une direction normale
au point de choc, dès lors, quelque faible que soit le
frottement, il est toujours suffisant pour qu'il n'y ait
pas de glissement entre la queue et la bille au moment
du choc.

Par cela seul qu'il n'y a pas de glissement de la
queue sur la bille dans le choc, les points de cette
dernière, qui sont frappés par la queue, y adhè-
rent et ne peuvent prendre, tant que le contact a lieu,
que des vitesses identiques avec celles des points
choquans de la queue. Celle-ci étant dirigée par
le joueur de manière que ses points conservent pendant le choc des vitesses dans la direction de son axe
de figure, il en est de même des points choqués de la
bille; ceux-ci doivent donc être considérés comme
recevant de la queue pendant le choc une quantité de
mouvement dont la direction est celle de l'axe de la
queue.

C'est au reste ce que l'expérience confirme pleine-
ment, car si dans le choc la direction de la quantité
de mouvement imprimée à la bille n'était pas celle de
l'axe de la queue, et qu'il y eût glissement au contact,
il serait impossible de faire un coup assuré, vu la différence d'intensité du frottement en employant une
queue ou une autre, et avec la même queue, suivant
qu'on aurait plus ou moins enduit le cuir de craie ou
de toute autre substance pouvant adhérer à la bille.
Quand la queue glisse au contact et que le frottement
vient ainsi modifier la direction de la quantité de
mouvement, on dit qu'on fait *fausse queue*, et cette

espèce de coup n'est pas au nombre de ceux dont on puisse tirer parti au billard.

Si par l'effet de l'élasticité la seconde quantité de mouvement, ajoutée à celles que produit sur la bille la première partie du choc pendant la compression, n'avait pas la même direction que celle de cette première quantité de mouvement, il serait également impossible de jouer d'une manière assurée, puisqu'alors la direction du mouvement après le choc dépendrait de l'élasticité relative de la bille et de la queue, et ne serait pas celle du mouvement de la queue, ainsi qu'on le reconnaît par expérience. Bien qu'il soit impossible dans l'état de la science d'établir cette proposition directement par la théorie, on peut cependant la regarder comme suffisamment prouvée par l'expérience, et l'admettre comme base des calculs.

En partant donc de ce point que la bille reçoit par le choc de la queue une quantité de mouvement dans la direction du mouvement de la queue et appliquée au point où se fait le contact, nous allons déterminer la vitesse qu'elle prendra, en fonction de la quantité de mouvement qu'elle reçoit au point où se fait le choc : nous verrons plus loin comment cette quantité de mouvement peut, dans les cas ordinaires, se déduire de la vitesse que l'on a imprimée à la queue.

Choisissons maintenant, pour la direction des y partant du centre de la bille, comme origine, une direction parallèle au plan vertical passant par l'axe de la queue, c'est-à-dire par sa vitesse de translation; et pour le sens de ces y positifs celui de la projection de cette vitesse sur le plan du tapis : nous prendrons, comme nous l'avons déjà fait, les x positifs à droite de cette direction, et les z positifs en dessus du tapis. Dans ce qui suit, ce que nous désignerons par *point de choc* sera le point de la bille qui est frappé par la queue : nous appellerons ligne du choc celle qui est menée par le point de choc dans la direction de la queue ou de la vitesse des points qui choquent la bille.

Le choc étant supposé horizontal, il n'y aura pas à considérer l'effet du frottement sur le tapis pendant le choc : la bille reste donc comme libre. Elle recevra dans la direction du coup de queue une quantité de mouvement dont la mesure sera le produit de sa masse par la vitesse de son centre.

Nous poserons les notations suivantes :

M, la masse de la bille;

R, son rayon;

$W_{,}$ la vitesse que prend son centre à l'instant où elle a reçu le coup de queue;

h, l'abscisse du point où se fait le choc, c'est-à-dire la distance entre le centre de la bille et un plan vertical passant par le point où se fait le choc, et dans la direction de ce choc, c'est-à-dire de l'axe de la queue ;

l, la hauteur du point où se fait le choc au-dessus du tapis.

Pour déterminer le mouvement de rotation en fonction des données ci-dessus, on posera les équations qui expriment l'égalité entre les momens autour du centre des quantités de mouvement dues au choc d'un côté et aux vitesses de rotation de l'autre. Ce qui donne, en prenant pour axe des y la direction du coup de queue,

$$\tfrac{2}{5} \, MR^2 p_, = MW_, (l - R),$$

$$\tfrac{2}{5} \, MR^2 q_, = 0,$$

$$\tfrac{2}{5} \, MR^2 r_, = MW_, h \, ;$$

ou bien

$$\tfrac{2}{5} \, R p_, = W_, \left(\frac{l-R}{R}\right);$$

$$\tfrac{2}{5} \, R q_, = 0,$$

$$\tfrac{2}{5} \, R r_, = - W_, \frac{h}{R} \cdot$$

Ici, la vitesse de rotation initiale $w_,$ du centre de percussion supérieur est dirigée sur l'axe des y, puisqu'on a $R q_, = 0$. Si $R p_,$ est positif, c'est-à-dire si $l > R$, elle doit être portée du côté des y positifs, c'est-à-dire dans le sens du mouvement, et la vitesse du centre de percussion inférieur, que nous avons désignée par AH dans les figures précédentes, devra se porter en sens contraire.

Dans la supposition où nous sommes d'un coup de queue horizontal, la bille marchera en ligne droite. Pour avoir à chaque point de sa course les deux élémens W et w, c'est-à-dire la vitesse de translation et celle de rotation du centre de percussion, on se reportera aux équations E du chapitre précédent, qui donnent

$$W + w = W_, + w_, .$$

$W_,$ et $w_,$ étant ici les valeurs initiales des vitesses W et w. Or, on a

$$\tfrac{2}{5} \, R p_, = w_, ,$$

ou bien

$$w_, = W_, \left(\frac{l - R}{R}\right),$$

ce qui donne

$$W_, + w_, = W_, \frac{l}{R} ,$$

ainsi à un instant quelconque, on a

$$W + w = W_{\prime}\, \frac{l}{R}.$$

Dans la figure 6, AD représente la vitesse de translation W lorsque la bille, partie de M avec une vitesse égale à $MC = W_{\prime}$, est arrivée en D. On mènera donc l'horizontale PE à la hauteur $MP = \dfrac{W_{\prime}l}{R}$, c'est-à-dire de manière que si MC représente le rayon de la bille, MP représente la hauteur l du choc au-dessus du tapis. Les distances de la parabole à cette droite représenteront donc w. Quand w sera dirigé du côté de W, c'est-à-dire quand la rotation sera directe, le point A tombe en dessous de PE; quand il tombe en dessus, la rotation w est rétrograde.

La vitesse $W_{\prime}$ de la bille, quand elle est à l'état final, est donnée par

$$W_{2} = \tfrac{5}{7}\, (W_{\prime} + w_{\prime}),$$

ce qui devient

$$W_{2} = \tfrac{5}{7}\, W_{\prime}\, \frac{l}{R}.$$

Ainsi la vitesse W, dans la figure 6, ne s'abaissera jamais au-dessous de cette valeur, si l'on est dans la parabole inférieure, ni ne s'élèvera au-dessus de cette valeur, si l'on est dans la parabole supérieure. Nous allons indiquer comment on distingue ces deux cas d'après la hauteur du coup de queue.

Les ordonnées des parties marquées pleines sur la figure 6 indiquent les vitesses de la bille; les mouvemens variés finissent toujours quand la vitesse sera devenue égale à $\tfrac{5}{7} W_{\prime}\, \dfrac{l}{R}$, et quand la parabole aura coupé la droite GL menée à cette hauteur. Cette droite se relève à mesure que l augmente et qu'on a frappé plus haut.

Nous avons dit, dans le chapitre précédent, qu'on ne serait dans le cas de la parabole supérieure (*fig.* 7) qu'autant qu'on aurait

$$W_1 - \tfrac{5}{2} w_1 < 0,$$

ce qui donne

$$W_1 - \tfrac{5}{2} W_1 \left(\frac{l}{R} - 1 \right) < 0,$$

ou bien

$$l > \tfrac{7}{5} R.$$

Ainsi la vitesse au point d'appui ne sera en sens opposé au mouvement de la bille, et le frottement n'accélérera la vitesse, qu'autant que le coup de queue aura été donné à plus des $\tfrac{2}{5}$ du rayon au-dessus du centre, c'est-à-dire au-dessus du centre supérieur de percussion de la bille.

Quand on frappe juste à la hauteur de ce point, la bille prend de suite son état final, on a $W = \tfrac{5}{7} W_1 \dfrac{l}{R}$; la droite GH passe par le point C; alors il n'y a plus de parabole. Dans tous les autres cas où l'on a $l < \tfrac{7}{5} R$, le frottement ralentit la vitesse de translation, et l'on est dans le cas de la parabole inférieure (*fig.* 6); alors les vitesses de translation du centre et de rotation du centre de percussion sont représentées par les hauteurs DA et AH, et elles sont données par les formules

$$W = \sqrt{2fg(Y - y)} = \sqrt{W_1^2 - 2fgy},$$

et

$$w = W \frac{l}{R} - W,$$

dans lesquelles on a $y = $ MD, $Y = $ MK, et $W_i = $ MC vitesse initiale du centre de la bille.

Pour avoir la distance MQ parcourue par la bille depuis son départ jusqu'au point où elle est à l'état final, il suffit de prendre la valeur y_2 du chapitre précédent et d'y mettre pour W_i et w_i leurs valeurs, on aura

$$y_2 = \frac{W_i^2}{2fg}\left(1 - \left(\tfrac{5}{7}\,\frac{l}{R}\right)^2\right),$$

ou à très-peu près

$$y_2 = \frac{W_i^2}{2fg}\left(1 - \tfrac{1}{2}\,\frac{l^2}{R^2}\right).$$

Il est un point de la course de la bille très-important à connaître pour les effets du jeu, c'est celui où le point d'appui ou le centre de percussion n'ont pas de vitesse de rotation et où l'on a $w = 0$: c'est à cet instant que nous disons que la bille est à *l'état de glissement*. Cet état a lieu au point I qui répond au point E, où la parabole est coupée par la droite horizontale PE menée à la hauteur $\dfrac{W_i\,l}{R}$. A ce point on a

$$W = \frac{W_i\,l}{R},$$

la distance MI parcourue alors par la bille, que nous désignerons par y_0, est donnée par

$$y_0 = \frac{W_i^2}{2fg}\left(1 - \frac{l^2}{R^2}\right).$$

On peut remarquer que les points I et Q ont cette relation de position et que l'on a à très-peu près

$$KQ = \tfrac{1}{2}\,Ki.$$

La bille ne passe par cet état de glissement, et y_0 n'existe qu'autant qu'on a $l < $ R ; car sans cela la droite PE se trouve au-dessus de la parabole et ne la coupe pas. Il en est toujours ainsi lorsqu'on est dans le cas de la parabole supérieure CG (*fig.* 7), car comme elle s'arrête à la hauteur $\frac{5}{7}\frac{W_{,}l}{R}$ pour se changer en horizontale, elle ne peut être coupée par la droite PE qui est à la hauteur $\frac{W_{,}l}{R}$.

Quand on a $l =$ R , c'est-à-dire quand on frappe la bille au centre, l'état de glissement a lieu au point de départ M : ce cas est représenté sur la figure 6.

Quand on frappe au-dessous du centre, la rotation est rétrograde de M en I (*fig.* 6), avant le point de glissement. Dans cet intervalle, w ou $\frac{2}{5}$ Rp, est pris négatif dans les formules : au-delà de ce point de glissement I, w devient positif, ainsi que son égale $\frac{2}{5}$ Rp.

La hauteur l, à laquelle se donne le coup de queue, ne peut être ni trop grande ni trop petite quand on veut donner un coup assuré, puisqu'il faut que la queue ne glisse pas contre la bille ; la limite de l'écart entre la ligne du choc et le centre de la bille est fixée par le plus grand angle que puisse faire la direction du choc avec la normale à la bille sans qu'il y ait glissement. Cet angle est ce qu'on appelle *l'angle de frottement.* L'expérience a appris aux joueurs qu'on peut sans glisser frapper la bille jusqu'à une distance du centre de 0,70 R ; ainsi, en appelant a la distance du centre de la bille à la ligne du choc ; pour ne pas faire fausse queue, on devra frapper de manière qu'on ait

$$a < 0{,}70 \text{ R, ou } \sqrt{h^2 + (l-R)^2} < 0{,}70 \text{ R.}$$

Si le plan vertical du choc passe par le centre de la bille, c'est-à-dire si $R = o$, on aura pour le *minimum* de l

$$l = o,3o \; R.$$

et pour le *maximum*

$$l = 1,7o \; R.$$

On peut donc encore à la rigueur donner le coup à la hauteur du centre de percussion supérieur qui répond à $l = 1,4o \; R$; mais on frappe rarement à cette hauteur, de peur qu'en donnant un peu plus haut ou un peu plus de côté, ce qui augmenterait la distance a au centre, on ne fasse fausse queue : on n'a donc presque jamais à considérer les vitesses de la bille qui sont représentées par les ordonnées de la parabole placée comme dans la figure 7.

Il nous reste maintenant à examiner comment la vitesse W_1, communiquée au centre de la bille par le coup de queue, peut résulter de la vitesse supposée donnée à la queue, et de la distance a entre la ligne du choc et le centre de la bille quand le choc ne passe pas ce centre.

La circonstance de l'adhérence entre la queue et la bille pendant le choc ayant, ainsi que l'expérience le prouve, pour effet définitif de faire en sorte que la quantité de mouvement que reçoit cette dernière par le choc et par l'effet de l'élasticité, soit toujours dans la direction même de la vitesse de la queue, et celle-ci ne se déviant pas sensiblement pendant le choc, il nous sera possible d'en conclure la vitesse que doit prendre le centre de la bille. Nous supposerons d'abord que le coup de queue est donné en abandonnant la queue à elle-même sans la serrer avec la main ni sans la pousser après le choc. Il nous faudra aussi admettre, comme cela a lieu ordinairement, que la bille quitte la queue sous le coup et ne soit plus touchée par celle-ci après le coup. Nous verrons plus loin quelles conditions cette circonstance exige, et ce qui arrive quand elle n'a pas lieu.

Désignons par

M' la masse de la queue,

W' sa vitesse avant le choc,

W', sa vitesse après le choc,

M la masse de la bille et R son rayon,

W, la vitesse de son centre après le choc.

On aura d'abord, par les principes connus du mouvement du centre de gravité et des aires qui sont indépendans du plus ou moins d'élasticité des corps,

$$M' W' = MW, + MW,'$$
$$\tfrac{2}{5} MR^2 p, = MW, (l - R),$$
$$\tfrac{2}{5} MR^2 q, = 0,$$
$$\tfrac{2}{5} MR^2 r, = - MW, h.$$

(L)

Il reste à poser une équation se rapportant aux effets de l'élasticité. Il est impossible, dans l'état de la science, de calculer à priori ce qu'elle produira dans le choc. J'ai dû chercher par conséquent à étudier par expérience ses effets dans le choc des queues et des billes. Pour cela j'ai suspendu une queue de manière qu'elle pût osciller horizontalement dans le sens de la longueur, tous ses points décrivant le même arc de cercle. Il a suffi, pour produire cet effet, d'attacher le devant et le derrière de la queue à deux fils divergens qui partaient du plafond à une hauteur d'environ deux mètres au-dessus de la queue. De cette manière, en écartant la queue de sa position la plus

basse, elle tendait à y revenir en oscillant sans perdre
son horizontalité. La bille était attachée de même à
deux fils divergens partant du plafond et la prenant
aux extrémités d'un diamètre horizontal. Cette bille
pouvait ainsi osciller et en même temps tourner
autour de son diamètre horizontal. Dans sa position
d'équilibre elle se trouvait placée de manière que le
petit bout de la queue la touchait et que l'axe de celle-ci
passait par son centre. Des cercles divisés avaient été
placés à côté de la queue et de la bille pour donner le
moyen de mesurer les écartemens des fils, et par suite
les hauteurs dont la queue et la bille s'étaient élevées.

En écartant la queue de sa position d'équilibre,
elle venait frapper la bille au centre avec une force
vive proportionnelle à la hauteur dont on l'avait
élevée. La bille frappée au centre prenait une vitesse de translation qui s'évaluait par la hauteur à
laquelle elle s'élevait. Si la force vive se fût conservée
après le choc, on aurait dû trouver, en vertu de la
conservation du mouvement du centre de gravité,

$$W_{\prime} = \frac{2\,M'\,W'}{M' + M'} \qquad W_{\prime}' = \frac{(M' - M')\,W'}{M' + M'}.$$

La queue pesant exactement trois fois le poids de la
bille, on a $M' = 3M$, et ces formules donnent

$$W_{\prime} = \tfrac{3}{2}\,W'.$$
$$W_{\prime}' = \tfrac{1}{2}\,W'.$$

Or, on a déduit des écarts de la queue et de la bille
après le choc,

$$W_{\prime} = \tfrac{5}{4}\,W', \quad W_{\prime}' = \tfrac{7}{12}\,W'.$$

Ainsi la force vive après le choc, au lieu d'être
égale à $M'V''$ ou à $3MV''$ si elle se fût conservée, n'a

été que de $\frac{32}{144}$ MV^2 ou de 2,56 MW^2. La perte est donc de 0,13 de la force vive totale. En variant les vitesses de la queue, les pertes de force vive sont restées sensiblement dans le même rapport. On n'a pu dépasser la vitesse de 2,80 pour la queue, et conséquemment de 3,60 pour la bille. Il n'a pas été possible de faire des expériences avec des vitesses de choc qui approchassent davantage de celles qui ont lieu dans le jeu ordinaire; mais la fraction ci-dessus s'étant conservée constante dans ces expériences, nous avons pu l'étendre aux vitesses qui ont lieu dans le jeu.

Pour connaître ce que devenait la perte de force vive quand le choc passait un peu au-dessous ou au-dessus du centre de la bille et lui communiquait une vitesse de rotation autour de l'axe horizontal de suspension, j'ai examiné ce que devenait la vitesse du centre; et comme cette dernière est une conséquence de la perte de force vive totale qui a lieu dans le choc, j'en ai déduit que la perte totale de force vive, en tenant compte alors de celle qui est employée en rotation, est toujours à peu près la même.

Sans doute que ces expériences ne suffisent pas pour donner la perte pour les chocs qui ont lieu dans de forts coups de queue; néanmoins, comme en prenant toujours la même fraction 0,13 pour la perte de force vive, on arrive à des conclusions qui sont d'accord avec ce que l'expérience a appris aux joueurs; il ne sera pas sans intérêt de voir en effet ces règles d'expériences déduites de cette seule supposition d'une perte en proportion constante avec la force vive totale.

Posons donc l'équation qui se rapporte à la perte

de force vive. Appelons θ la fraction de la force vive
$M'V'^2$ qui exprime la perte après le choc ; nous aurons

$$(\mathrm{1}-\theta)\, M'W'^2 = M'W_1'^2 + MW^2 - MR\,(p_1^2 + q_1^2 + r_1^2),$$

p_1, q_1, r_1, étant ici les vitesses trouvées précédemment. En posant

$$a^2 = h^2 + (l-\mathrm{R})^2,$$

a désignant ainsi la distance de la ligne du choc au centre de la bille, nous aurons en vertu des équations (L)

$$(\mathrm{1}-\theta)\, M'W'^2 = M'W_1'^2 + MW_1^2 + \tfrac{5}{2}\, MW_1^2\, \frac{a^2}{R^2},$$

ou

$$(\mathrm{1}-\theta)\, M'W'^2 = M'W_1^2 + MW_1^2 \left(\mathrm{1} + \tfrac{5}{2}\, \frac{a^2}{R^2}\right).$$

En joignant à cette équation celle qui se rapporte à la conservation des quantités de mouvement qui est

$$M'W' = M'W_1' + MW_1,$$

on trouvera

$$W_1 = W'\; \frac{\mathrm{1} + \sqrt{\mathrm{1} - \theta - \theta\,\dfrac{M'}{M}\left(\mathrm{1} + \tfrac{5}{2}\,\dfrac{a^2}{R^2}\right)}}{\mathrm{1} + \tfrac{5}{2}\,\dfrac{a^2}{R^2} + \dfrac{M}{M'}}\;,$$

$$W_1' = W'\; \frac{\mathrm{1} + \tfrac{5}{2}\,\dfrac{a^2}{R^2} - \dfrac{M}{M'}\sqrt{\mathrm{1} - \theta - \theta\,\dfrac{M'}{M}\left(\mathrm{1} + \tfrac{5}{2}\,\dfrac{a^2}{R^2}\right)}}{\mathrm{1} + \tfrac{5}{2}\,\dfrac{a^2}{R^2} + \dfrac{M}{M'}}\;.$$

Si l'on veut introduire dans la valeur W_1 de la vitesse que prend la bille, celle qu'elle prendrait sous le même coup de queue, c'est-à-dire avec la même vitesse de la queue, mais en donnant le coup au centre ; on aura, en appelant W_0 cette dernière vitesse,

$$W_{\prime} = \frac{W_0 \left(1 + \dfrac{M}{M'}\right)\left(1 + \sqrt{1 - 0 - \theta\,\dfrac{M'}{M}\left(1 + \tfrac{2}{5}\dfrac{a^2}{R^2}\right)}\right)}{\left(1 + \dfrac{M}{M'} + \tfrac{2}{5}\dfrac{a^2}{R^2}\right)\left(1 + \sqrt{1 - 0 - \theta\,\dfrac{M'}{M}}\right)}.$$

W_0 ici est la vitesse que nous avons déterminée par expérience, et dont la valeur est de 7^m au maximum. Si l'on part cette valeur de W_0, et qu'on veuille savoir quelle vitesse prendra la bille si en la frappant avec une queue animée de la même vitesse qui produirait W_0 en frappant au centre, on donne le coup à une distance du centre $a = 0{,}60\,R$; on substituera toujours $\theta = 0{,}13$, $\dfrac{M'}{M} = 3$, et $\dfrac{a}{R} = 0{,}60$; on aura

$$W_{\prime} = 0{,}50\ W_0.$$

La valeur de $W_{\prime}$ a été construite dans la figure 4, où les abscisses OR ou M''M prises de l'origine, O ou M'' représentent ces distances a : le cercle est décrit d'un rayon M'' M' $=$ R. Les ordonnés MC représentent les vitesses $W_{\prime}$ du centre de la bille.

Pour que les valeurs précédentes de $W_{\prime}$ et de $W_{\prime}'$ subsistent, il faut que le choc de la queue de la bille se fasse comme nous l'avons supposé, c'est-à-dire que les deux corps se séparent après le choc, et qu'ainsi on ait

$$W_{\prime} > W_{\prime}',$$

ce qui donne

$$1 + \sqrt{1 - 0 - \theta\,\frac{M'}{M}\left(1 + \tfrac{5}{2}\frac{a^2}{R^2}\right)} > 1 + \tfrac{5}{2}\frac{a^2}{R^2} - \frac{M}{M'}\sqrt{1 - 0 - \theta\,\frac{M'}{M}\left(1 + \tfrac{2}{5}\frac{a^2}{R^2}\right)}$$

ou bien

$$\left(1 + \frac{M}{M'}\right)\sqrt{1 - 0 - 0\,\frac{M'}{M}\left(1 + \tfrac{5}{2}\frac{a^2}{R^2}\right)} > \tfrac{5}{2}\frac{a^2}{R^2}.$$

Si cette condition n'a pas lieu, la queue continue de toucher la bille après le coup, dès lors celle-ci frotte contre le cuir de la queue, et elle éprouve une grande diminution dans son mouvement de rotation ; c'est ce qui fait que les effets qui dépendent de cette rotation, comme nous le verrons dans le chapitre suivant, sont diminués de beaucoup.

La condition précédente montre que si l'on veut que $\frac{a}{R}$ soit aussi grand que possible, c'est-à-dire égal à 0,70, limite fixée pour la condition qu'il n'y ait pas glissement sous le choc, il faudrait pour $\theta = 0$, c'est-à-dire pour l'élasticité parfaite, qu'on eût $\frac{M}{M'} = \frac{1}{3}$. Mais en raison de la valeur de θ, il faudra prendre $\frac{M}{M'} > \frac{1}{3}$. Si l'on pose $\theta = 0,13$, on trouve que $\frac{M}{M'}$ est un peu au-dessus de $\frac{1}{2}$. Ainsi, des queues un peu plus légères que celles dont on fait usage généralement, permettront d'attaquer la bille plus près du bord sans qu'après le choc il y ait un frottement de la queue et de la bille qui diminue la rotation. Elles permettront donc d'obtenir un plus grand rapport entre la vitesse de rotation rétrograde et la vitesse de translation, puisque ce rapport, immédiatement après le choc, est égal à la fraction $\frac{5}{2} \left(\frac{R - l}{R_{\text{\tiny ,}}} \right)$.

Si nous voulons avoir la limite de a, qui permet de choquer sans frottement après le choc, lorsqu'on a $\frac{M}{M'} = \frac{1}{3}$ comme cela a lieu ordinairement ; on trouvera d'abord

$$\frac{1}{2}\frac{a^2}{R^2} = \left(1 + \frac{M}{M'}\right)\left\{-\frac{\theta}{2}\left(1 + \frac{M'}{M}\right) + \sqrt{\frac{\theta^2}{4}\left(1 + \frac{M'}{M}\right)^2 + 1 - \theta\left(1 + \frac{M}{M'}\right)}\right\}.$$

Prenant donc

$$\theta = 0,13 \text{ et } \frac{M}{M'} = \frac{1}{3},$$

on aura

$$\frac{1}{2}\frac{a^2}{R^2} = 0,906, \text{ d'où } \frac{a}{R} = 0,60.$$

Ainsi, avec les queues ordinaires qui pèsent trois fois le poids d'une bille, pour conserver toute la rotation, on ne doit pas frapper à une distance du centre de plus des six dixièmes du rayon. Avec des queues plus légères, il serait possible d'aller jusqu'aux sept dixièmes et d'obtenir ainsi une plus grande vitesse de rotation par rapport à celle de translation. Comme c'est du rapport de ces deux vitesses que dépend la facilité que l'on a de faire reculer la bille du joueur après qu'elle en a touché une autre, ainsi que nous le verrons dans le chapitre suivant, il s'ensuit qu'on doit, pour bien reculer, employer des queues un peu plus légères que celles qui sont en usage.

Maintenant on peut remarquer que, si au lieu d'abandonner la queue à elle-même au moment du choc, c'est-à-dire de la tenir libre, on la serre au contraire dans la main; on joindra une partie de la masse de l'avant-bras à celle de la queue, et on ôtera à ces masses réunies leur propriété d'élasticité. Cette manière de choquer pourra donc s'introduire dans les formules, en supposant M' et θ plus grand. En examinant l'inégalité

$$\left(1 + \frac{M}{M'}\right)\sqrt{1 - \theta - \theta\frac{M'}{M}\left(1 + \frac{1}{2}\frac{a^2}{R^2}\right)} > \frac{1}{2}\frac{a^2}{R^2},$$

on voit qu'elle n'a plus lieu alors pour $\frac{a}{R}$ aussi grand, puisque le premier membre diminue quand M' et θ augmentent. Si l'on frappe alors à une même distance a du centre que dans le cas où la main ne serre pas la queue, cette inégalité pouvant ne plus avoir lieu, la queue ne se sépare pas de la bille après le choc, et le frottement qui en résulte détruit une partie de la rotation de la bille. Ainsi, pour pouvoir frapper la bille le plus loin possible du centre sans diminuer la rotation que le choc tend à produire, il faut tenir la queue libre dans la main et ne pas la pousser après le choc.

Pour reconnaître l'influence des différentes manières de frapper la bille sur la distance qu'elle aura parcourue avant que la rotation rétrograde soit épuisée, distance dont l'évaluation doit toujours être faite quand on veut produire des effets singuliers dans le choc de deux billes ou dans le choc contre la bande, ainsi que nous le ferons voir dans le chapitre suivant ; nous allons remettre dans la valeur y_0 donnée au commencement de ce chapitre, la valeur W, trouvée précédemment en fonction de la vitesse W' de la queue. Nous aurons ainsi

$$y_0 = \frac{W'^2}{2fg} \cdot \frac{\left(1 - \frac{l^2}{R^2}\right)\left[1 + \sqrt{1 - \theta - \theta\frac{M'}{M}\left(1 + \frac{5}{2}\frac{a^2}{R^2}\right)}\right]^2}{\left(1 + \frac{5}{2}\frac{a^2}{R^2} + \frac{M}{M'}\right)^2} ;$$

Si nous en faisons autant dans la valeur de y_r, nous aurons ,

$$y_r = \frac{W'^2}{2fg} \cdot \frac{\left(1 - \frac{2\cdot5}{5\cdot9}\frac{l^2}{R^2}\right)\left[1 + \sqrt{1 - \theta - \theta\frac{M'}{M}\left(1 + \frac{5}{2}\frac{a^2}{R^2}\right)}\right]^2}{\left(1 + \frac{5}{2}\frac{a^2}{R^2} + \frac{M}{M'}\right)^2} .$$

On se rappellera que, dans le cas du choc horizontal, ainsi que nous le supposons ici, on a

$$\frac{a^2}{R^2} = \frac{h^2}{R^2} + \left(1 - \frac{l}{R}\right)^2.$$

Si l'on veut examiner les valeurs *maximum* de γ_0 et de $\gamma_{,}$, il faudra déjà prendre $h = 0$, parce que, eu égard à la petitesse de $\mathfrak{s}$, h n'aura guère d'influence que dans le dénominateur. Supposons donc $h = 0$, c'est-à-dire occupons-nous seulement du cas où le plan vertical passe par le centre de la bille. Mettons pour $\frac{a^2}{R^2}$ sa valeur dans ce cas, qui est $\left(1 - \frac{l}{R}\right)^2$; nous aurons

$$\gamma_0 = \frac{W'^2}{2fg} \frac{\left(1 - \frac{l^2}{R^2}\right)\left[1 + \sqrt{1 - \theta - \theta \frac{M}{M'}\left(1 + \frac{5}{2}(1 - \frac{l}{R})^2\right)}\right]^2}{\left(1 + \frac{M}{M'} + \frac{5}{2}(1 - \frac{l}{R})^2\right)^2}.$$

et

$$\gamma_{,} = \frac{W'^2}{2fg} \frac{\left(1 - (\frac{5}{7}\frac{l}{R})^2\right)\left[1 + \sqrt{1 - \theta - \frac{\theta M'}{M}\left(1 + \frac{5}{2}(1 - \frac{l}{R})^2\right)}\right]^2}{\left(1 + \frac{M}{M'} + \frac{5}{2}(1 - \frac{l}{R})^2\right)^2}.$$

On peut introduire dans ces formules la vitesse que prendrait la bille avec le même coup de queue si on la frappait au centre ; on a alors

$$W_0 = W' \frac{1 + \sqrt{1 - \theta - \frac{\theta M'}{M}}}{1 + \frac{M}{M'}},$$

d'où

$$W' = \frac{W_0\left(1 + \dfrac{M'}{M'}\right)}{1 + \sqrt{1 - \theta - \dfrac{\theta M'}{M}}}.$$

En mettant cette valeur dans les expressions précédentes, on aura

$$y_0 = \frac{W_0^2}{2fg}\,\frac{\left(1 - \dfrac{l^2}{R^2}\right)\left(1 + \dfrac{M}{M'}\right)^2\left[1 + \sqrt{1 - \theta - \dfrac{M'\theta}{M}\left(1 + \dfrac{5}{2}\left(1 - \dfrac{l}{R}\right)^2\right)}\right]^2}{\left(1 + \sqrt{1 - \theta - \dfrac{\theta M'}{M}}\right)^2\left(1 + \dfrac{M}{M'} + \dfrac{5}{2}\left(1 - \dfrac{l}{R}\right)^2\right)}.$$

et

$$y_2 = \frac{W_0^2}{2fg}\,\frac{\left(1 - \dfrac{25}{49}\dfrac{l^2}{R^2}\right)\left(1 + \dfrac{M}{M'}\right)^2\left[1 + \sqrt{1 - \theta - \dfrac{M'\theta}{M}\left(1 + \dfrac{5}{2}\left(1 - \dfrac{l}{R}\right)^2\right)}\right]^2}{\left(1 + \sqrt{1 - \theta - \dfrac{\theta M'}{M}}\right)^2\left(1 + \dfrac{M}{M'} + \dfrac{5}{2}\left(1 - \dfrac{l}{R}\right)^2\right)^2}.$$

Il ne faut pas perdre de vue que ces formules ne subsistent qu'autant qu'il y a séparation entre la queue et la bille, c'est-à-dire que la distance a ne dépasse pas une certaine limite, laquelle est d'autant moins grande qu'on serre la queue davantage avec la main.

En restant donc dans cette limite où la rotation n'est pas altérée, on peut se demander à quelle distance du centre il faut frapper la bille pour rendre y_0 et y_r les plus grands possibles. On voit en effet que les expressions ci-dessus ont un maximum par rapport à l. Si l'on pose pour abréger

$$\frac{a}{R} = z = 1 - \frac{l}{R},$$

et qu'on représente par $\alpha\,\beta\,a\,b$ des constantes numériques, on aura

$$y_0 = \frac{(2z - z^2)(1 + \sqrt{\alpha - \beta z^2})^2}{(a + b z^2)^2}.$$

7

On peut chercher le maximum de $\sqrt{y_0}$ au lieu de celui de y_0, et l'on aura l'équation

$$2bz(2z-z^2) = (a+b^2)\left\{1-z-\frac{\beta z(2z-z^2)}{(1+\sqrt{\alpha-\beta z^2})\sqrt{\alpha-\beta z^2}}\right\}.$$

En prenant $\dfrac{M'}{M} = 3$, et $\theta = 0.13$, on a

$$\alpha = 0{,}48, \; \beta = 0{,}97, \; a = 1{,}33, \; b = 2{,}50$$

On trouve par des substitutions successives que la valeur de z est très-près de 0,25; on peut la regarder comme égale à cette fraction. Ainsi, avec un coup de queue d'une intensité déterminée, pour porter le point de glissement de la bille le plus loin possible, il faut frapper à peu près à 0,25 du rayon au-dessous du centre. Comme il n'y aurait plus séparation entre la queue et la bille en frappant aussi bas, si l'on serrait la queue dans la main et qu'on détruisît ainsi une partie de la vitesse de rotation, le point de glissement ne sera à la distance que donnerait la formule qu'en tenant la queue libre.

Si l'on veut rendre y_2 un maximum, ou ce qui revient au même $\sqrt{y_2}$, on aura la condition

$$2bz\left(1-\tfrac{25}{49}(1-z)^2\right)=(a+bz^2)\left\{\tfrac{25}{49}(1-z)-\frac{\beta z\left(1-\tfrac{25}{49}(1-z)^2\right)}{(1+\sqrt{\alpha-z\beta^2})(\sqrt{\alpha-\beta z^2})}\right\}.$$

Les lettres $\alpha \beta \, a \, b$ étant dans cette équation les mêmes nombres que précédemment. On trouve par des substitutions successives que z est entre 0,09 et 0,10 ; on peut donc pour les applications regarder la valeur comme égale à 0,10. Ainsi, pour que la bille soit à l'état final de roulement le plus loin possible, il faut la frapper à environ le dixième du rayon au-dessous du centre.

Les valeurs maxima de y_0 et y_2, sont

$$y_0 = 0{,}33\,\frac{W_0^2}{2fg}, \; \text{et} \; y_2 = 0{,}57\,\frac{W_0^2}{2fg}.$$

La valeur de W, en fonction de la distance a de la ligne du choc au centre de la bille, servira encore à trouver comment le coup de queue doit être donné pour rendre un maximum la vitesse horizontale de rotation des points de l'équateur horizontal, c'est-à-dire la valeur de Rr, lorsqu'on suppose déjà $l = $ R et par conséquent $a = h$.

On a alors

$$R r = \tfrac{5}{2} W_1 \frac{h}{R} = \frac{5h}{2R} \frac{W_0 \left(1+\dfrac{M}{M'}\right)\left(1+\sqrt{1-\theta-\dfrac{\theta M}{M}\left(1+\tfrac{5}{2}\dfrac{h^2}{R^2}\right)}\right)}{\left(1+\dfrac{M}{M'}+\tfrac{5}{2}\dfrac{h^2}{R^2}\right)\left(1+\sqrt{1-\theta-\dfrac{\theta M'}{M}}\right)},$$

En prenant les mêmes nombres que précédemment pour les constantes, on a pour déterminer $\dfrac{h}{R}$ par la condition de rendre Rr un maximum, l'équation

$$\frac{5h^2}{R} = \left(c+\tfrac{5}{2}\frac{h^2}{R^2}\right)\left[1-\frac{\beta\dfrac{h^2}{R^2}}{\sqrt{\alpha-\beta\dfrac{h^2}{R^2}}\left(1+\sqrt{\alpha-\beta\dfrac{h^2}{R^2}}\right)}\right].$$

En posant $\alpha = 0,48$, $\beta = 0,97$, $c = 1,33$, on aura
$$\frac{h}{R} = 0,50 ,$$

et alors on a en même temps

$$R r = 0,75 \ W_0 .$$

Les valeurs et la vitesse Rr en fonction de h lorsqu'on suppose $a = h$, et par conséquent $l = $ R, sont représentées par les ordonnées PR de la courbe o RR'R'', (*fig.* 8), les abscisses étant les valeurs de h.

On peut encore se proposer de rendre un maximum, la vitesse finale en même temps que la vitesse à l'état de glissement: ces vitesses sont $\frac{5}{7}W$, $\frac{l}{R}$ et $\frac{W_{,}l}{R}$. D'abord on prendra $h = 0$ dans ce cas, ce qui donnera

$$a^2 = (l - R)^2,$$

ou

$$\frac{l}{R} = 1 + \frac{a}{R}.$$

on aura donc pour la valeur de $W_{,}\dfrac{l}{R}$

$$W_{,}\frac{l}{R} = \frac{W_0\left(1+\dfrac{a}{R}\right)\left(1+\dfrac{M}{M'}\right)\left(1+\sqrt{1-\theta-\dfrac{\theta M'}{M}\left(1+\dfrac{5}{2}\dfrac{a^2}{R}\right)}\right)}{\left(1+\dfrac{M}{M'}+\dfrac{5}{2}\dfrac{a^2}{R^2}\right)\left(1+\sqrt{1-\theta-\dfrac{\theta M'}{M}}\right)}$$

Lorsqu'on met pour $\dfrac{M}{M'}$ et θ les valeurs numériques précédentes et qu'on pose toujours $\alpha = 0,48$, $\beta = 0,97$ et $c = 1,33$; la condition de maximum par rapport à $\dfrac{a}{R}$, est donnée par l'équation ;

$$5\frac{a}{R}\left(1+\frac{a}{R}\right) = \left(c+\frac{5}{2}\frac{a^2}{R^2}\right)\left[1-\frac{\beta\left(1+\dfrac{a}{R}\right)\dfrac{a}{R}}{\sqrt{\alpha-\beta\dfrac{a^2}{R^2}}\left(1+\sqrt{\alpha-\beta\dfrac{a^2}{R^2}}\right)}\right].$$

La racine de cette équation est $\dfrac{a}{R} = 0,19$; ainsi il faut frapper la bille à environ le cinquième du rayon au-dessus du centre pour rendre $W_{,}\dfrac{l}{R}$ un maximum.

Dans ce cas on a,

$$W_8\frac{l}{R} = 1,09\,W_0,$$

Les valeurs variables de $W_{,}\dfrac{l}{R}$ lorsqu'on suppose $a = l - R$ ou $a = R - l$, sont représentées par les ordonnées DH de la courbe $h'\,h\,H\,H'$ (*fig*.9); les abscisses comptées à partir du point M étant les valeurs de l.

CHAPITRE III.

Du choc de deux billes et du carambolage, en négligeant le frottement très-petit qui a lieu entre les billes pendant le choc.

Lᴀ circonstance du mouvement des billes qu'il est
le plus nécessaire d'étudier pour la pratique du jeu,
c'est ce qui arrive après le choc d'une bille mobile
contre une bille immobile : c'est ce problème dont
nous allons nous occuper.

Le frottement des billes dans le choc est très-faible;
c'est ce que les joueurs reconnaissent et ce qui résulte d'ailleurs des expériences que je vais rapporter.

Pour déterminer le frottement de deux billes pendant le choc, j'ai suspendu une bille à un fil et je lui
ai fait une marque propre à bien montrer la rotation qu'elle pouvait prendre. J'ai donné à la bille une
rotation uniforme dont j'ai obtenu exactement la
durée; puis je l'ai choquée horizontalement et obli-
quement avec une autre bille sur l'un des côtés, de
manière à donner par l'effet du frottement une rotation dans un sens opposé à celle qui existait; j'ai
gradué le choc de manière à détruire à peu près
toute la rotation existante, ou au moins à ne laisser
subsister qu'une rotation assez faible pour qu'on pût
en observer la durée pendant les oscillations. Sans

l'influence du frottement pendant le choc, la bille eût pris un mouvement d'oscillation qui n'eût rien changé à la rotation existante avant le choc; mais l'effet de ce frottement produisant, outre la percussion normale passant par le centre de gravité, une percussion tangentielle, il en résultait une modification dans la rotation.

Soit MW la quantité de mouvement imprimée par le choc à la bille en ayant égard au frottement, et φ l'angle de frottement; MW sin. φ sera la quantité de mouvement due au frottement; son rapport avec la quantité de mouvement normale au point de choc ou MW cos. φ, sera tang. φ; c'est cette tangente que l'on désigne par f.

En appelant h la hauteur dont la bille s'est élevée dans ses oscillations, on aura

$$W^2 = 2gh.$$

En appelant Ω la différence des vitesses angulaires avant et après le choc, et R le rayon de la bille, on aura pour la rotation

$$\tfrac{2}{5} R\Omega = W \sin. \varphi.$$

Ainsi on a

$$\sin. \varphi = \frac{\tfrac{2}{5} R \Omega}{\sqrt{2gh}}.$$

Dans les expériences qu'on a faites, ou avait R = 0,025; la bille ayant été choquée de manière qu'elle s'élevait de h = 0,25, on avait détruit par le choc une vitesse angulaire d'un tour par seconde, ainsi on avait Ω = 2π. La valeur de sin. φ est donc

$$\sin. \varphi = 0,028,$$

d'où

$$\tan g. \varphi = 0,028.$$

Ainsi le coefficient f de ce frottement est de 0,028.

Le frottement des billes n'ayant donc qu'une très-petite valeur, nous examinerons d'abord les effets du choc quand on néglige ce frottement.

On sait que si l'on suspend des billes à des fils elles présentent dans leur choc les circonstances dues à une élasticité presque parfaite : ainsi on peut l'admettre dans la pratique du jeu avec une très-grande approximation. Du reste, si l'on voulait tenir compte d'un défaut d'élasticité, nous dirons plus loin ce qu'il faudrait faire, en même temps que, pour compléter la théorie, nous considérons le frottement des billes. Mais, nous le répétons, ces deux influences peuvent être négligées ordinairement : nous allons donc commencer par en faire abstraction.

Prenons d'abord le cas ordinaire du jeu où la bille mobile, ayant reçu un coup de queue horizontal, marche en ligne droite avec les élémens du mouvement déterminés dans le chapitre précédent.

En représentant par MD (*fig.* 6) la distance y parcourue par la bille depuis son point de départ M, et par MC la vitesse W, qu'a prise son centre sous le coup de queue au moment du choc; les vitesses W de translation du centre et w de rotation du centre de percussion sont représentées par les lignes AD et AH.

L'effet du choc, en raison de l'élasticité des billes, est, comme on sait, de produire entre des masses égales un échange des vitesses normales des centres. Ainsi la bille du joueur perdra la vitesse normale au point du choc, et ne gardera que la vitesse tangentielle.

Soit φ l'angle que fait la tangente au point de choc avec la direction du mouvement de la bille avant le choc, c'est-à-dire avec la direction de la vitesse W et de la vitesse w qui, avant le choc, se compte sur la même droite, soit en sens opposé, soit dans le même sens.

Après le choc, si l'on néglige le frottement entre les billes, la rotation ne sera pas changée; w conservera la même grandeur et la même direction; mais la vitesse W sera changée en W sin. φ, et sera dirigée dans le sens de la tangente horizontale au point de choc, c'est-à-dire qu'elle fera avec la direction de W avant le choc un angle φ. Ainsi, en représentant dans la (*fig.* 11) la vitesse W avant le choc par AD, cette vitesse après le choc deviendra la projection AB de AD sur la direction de la tangente au point de choc. En se reportant donc à la construction de la figure 1, on aura (*fig.* 11) tous les élémens du mouvement de la bille après le choc, en partant des vitesses initiales AB et AH. Cette dernière vitesse AH, dans le sens où elle est portée ici, est celle du centre de percussion inférieure.

Si l'on veut discuter les changemens dans la marche de la bille lorsque les vitesses AD et AH restant les mêmes au moment où le choc commence, on suppose que l'angle φ varie de $\frac{\pi}{2}$ à o, c'est-à-dire que la bille du joueur vienne toucher la bille adverse plus ou moins loin du point d'arrière; il suffit alors de tracer un cercle sur AD $=$ W comme diamètre. Si l'on regarde ce cercle comme représentant l'équateur horizontal de la bille adverse, que T soit le point où le choc s'est fait; on mènera la corde AB perpendiculaire au rayon RT; cette corde sera en grandeur et en direction la vitesse initiale de translation après le choc, c'est-à-dire la première tangente à la parabole décrite par la bille. En se servant ensuite de la vitesse AB et de la vitesse AH, et de son opposée AF $= \frac{1}{2}$ AH $=$ W$_r$, on construira tous les élémens du mouvement après le choc.

Ainsi, la direction de la vitesse finale sera celle de la sécante menée de H au point B du cercle. Pour avoir le point par lequel doit passer la marche finale qui est parallèle à cette sécante HB, on réduira les distances FA et FD d'un septième à partir des points A et D; sur la longueur restante D'A' comme diamètre, on décrira un cercle; le rayon vecteur mené au point M où FB coupe ce cercle, contiendra le point cherché. On tracera autour de A, comme centre, un arc de cercle d'un rayon égal à fg ou à 2^m,45; on tirera le rayon AJ parallèle à FB; puis, par le point I où ce rayon rencontre HB, on mènera IL parallèle à JM, et le point L sur AM sera l'extrémité de la parabole décrite par la bille avant qu'elle suive la droite LV dans sa marche finale à partir de ce point L.

Quel que soit le point où le choc se fasse entre les billes, la direction de la marche finale étant toujours celle de la sécante HB, partant du point fixe H, cette direction ne variera que dans une certaine amplitude quand le point H sera extérieur au cercle, c'est-à-dire quand la rotation sera directe, et qu'ainsi AH, qui est la vitesse du centre de percussion inférieur, devra se porter du côté opposé à W ou AD.

Si l'on appelle ψ le plus grand angle de déviation

de la marche finale par rapport à la direction AD de
la vitesse W avant le choc, on aura

$$\sin. \psi = \frac{\frac{1}{2} W}{\frac{1}{2} W + w} = \frac{W}{W + 2w},$$

Et en même temps l'angle φ, qui détermine le point
où le choc doit se faire pour avoir cette déviation,
sera donné par

$$\varphi = \frac{1}{2} \left(\frac{\pi}{2} - \psi \right),$$

ou par

$$\cos. 2 \varphi = \sin. \psi = \frac{W}{W + 2 w}.$$

Si au moment du choc la rotation est rétrograde,
et qu'ainsi AH se porte du côté de AD, ce qui échan-
gera les positions des points F et G, comme on le voit
dans la figure 12 ; alors la direction finale partant
d'un point intérieur H au cercle, prendra toutes les
directions. La bille reculera dans sa marche finale,
si le point B est en dessous de la perpendiculaire à AD,
menée par le point H. Le cercle sur lequel se trouvent
les points M, lequel a pour diamètre A'D', sort alors
du cercle qui a AD pour diamètre.

Du reste, la construction du point L, extrémité de
la courbe et commencement de la marche finale par
lequel on doit faire passer la droite finale LV, se fera,
comme on le voit dans la figure 12, en suivant l'ana-
logie avec la figure 11.

La condition pour reculer lorsque le mouvement
de rotation sera rétrograde, sera évidemment

$$W \cos.^2 \varphi < w, \text{ ou } \cos. \varphi < \sqrt{\frac{w}{W}}.$$

La vitesse W du centre, et la vitesse w du centre

de percussion, se trouvent toujours par la figure 6,
pour chaque point de la course de la bille.

A mesure que la bille avance, les points D et H doivent rester fixes. Si elle n'est pas arrivée à son état
final, le point A s'approche de D et s'écarte de H. Si
la bille a commencé par avoir un mouvement rétrograde, ce qui suppose qu'on l'a frappée avec la queue
au-dessous du centre, le point A se trouve d'abord en
deçà de H, puis il avance, et lorsqu'il passe sur H, la
bille est à l'état de glissement, et alors il n'y a pas de
courbe décrite après le choc.

On peut dans la figure 6 reconnaître de suite dans
quelle direction marchera la bille du joueur après le
choc au point D de sa marche. Pour cela on tracera
sur AD un demi-cercle; on le prendra d'abord pour
représenter l'équateur de la bille adverse, et le point T
pour le point de choc, cet équateur A étant pris
pour son point d'arrière; on prendra l'arc AB égal au
double de AT, et en joignant le point H où AD coupe
l'horizontale PE, avec le point B; la ligne HB donnera la marche finale de la bille. On verra donc ainsi
quel écart on peut donner au point de choc T pour
pouvoir reculer après le choc.

Si l'on choque à l'état de glissement, il n'y a plus de
rotation pour le centre de percussion, et l'on a $w = 0$;
A et H de la figure 6 se réunissent en E, alors la bille
mobile ne se dévie pas de son état initial après le
choc; elle suit la tangente au point de choc sans décrire de courbe.

Quand on choque à l'état final, c'est-à-dire au
delà du point Q, figure 6; alors on a AH $= \frac{2}{5}$ AD, ou
$w = \frac{2}{5}$ W: les points F et D de la figure 11 tombent

en D; la construction devient celle de la figure 13; l'angle ψ de la déviation maximum est donné par

$$\sin. \psi = \frac{W}{W+2w} = \frac{5}{9},$$

ce qui répond à

$$\psi = 33° - 44'.$$

Comme cos. $2\varphi = \sin. \psi = \frac{5}{9}$, on aura

$$\cos. \varphi = \sqrt{\frac{1 + \cos. 2\varphi}{2}},$$

ou

$$\cos. \varphi = \frac{1}{3} \sqrt{7};$$

ce qui donne

$$\varphi = 62° - 54'.$$

Dans ce cas de la déviation maximum, la distance ou la vitesse W du centre de la bille du joueur passe du centre de la bille adverse, étant $2\,R \cos. \varphi$, elle devient

$$2\,R \cos \varphi = 0{,}946\,R.$$

Ce résultat montre que quand le choc se fait à l'état final de la bille du joueur, pour que cette dernière se dévie du plus grand angle possible après le choc, c'est-à-dire de 33°, il faut que son centre se dirige à très-peu près vers le bord apparent de la bille adverse.

Si l'on veut avoir l'expression de la plus courte distance π de la droite finale au centre A, toujours pour le cas où le choc a lieu dans l'état final et où l'angle ψ de la déviation est le plus grand, on aura par la formule du premier chapitre

$$\pi = \frac{W_a W_\iota}{7 fg} \sin. (\varphi - \psi) \text{ ou bien } \pi = \frac{w\,W_a}{7 fg} \sin. \psi.$$

Ici, il faut prendre

$$\sin. \psi = \frac{5}{9},$$
$$w = \frac{2}{5}\,W,$$
$$W_a = W \cos. \varphi = W \frac{\sqrt{7}}{3},$$

ce qui donne à très-peu près

$$\pi = \tfrac{1}{18}\,\frac{W^2}{2fg},$$

c'est-à-dire dans la figure 6

$$\pi = \tfrac{1}{18}\,\overline{MK}.$$

Si l'on se rappelle que l'on a pour l'état final

$$W = \tfrac{5}{7}\,W_i\,\frac{l}{R},$$

W_i étant la vitesse du centre à l'instant du coup de queue ; on aura à très-peu près

$$\pi = \tfrac{1}{50}\,\frac{\left(W_i\,\dfrac{l}{R}\right)^2}{2fg}$$

Si l'on prend les plus grandes valeurs de W_i répondant à $\dfrac{W_i^2}{2g} = 2{,}50$, c'est-à-dire pour un très-fort coup de queue, et si l'on suppose $l = R$; on a en mètre

$$\pi = 0{,}27.$$

Cette valeur de π, qui répond à la plus grande déviation, peut être regardée sans erreur sensible comme la valeur maximum de cette distance à cause du peu de variation du facteur $W_a \sin.\ \psi$ dans le voisinage du maximum de ψ.

On peut remarquer que si le choc se fait lorsque la vitesse de rotation du centre de percussion supérieur étant dirigée dans le sens de la vitesse W, on a $w = \dfrac{W}{2}$. Alors dans la figure 11 le point F tombe au centre du cercle dont AD est le diamètre. Dans ce cas, comme FB est constant pour toutes les positions du point de choc, la droite finale LV part d'un point pris à une distance fixe sur AH, et le point L, extrémité de la parabole, se trouve sur un cercle dont le sommet est en A.

Quand le choc se fait avant que la bille ne soit à l'état de glissement, c'est-à-dire quand elle est à l'état de rotation rétrograde, la bille reculera d'autant plus pour un même point de choc, que le rapport $\frac{w}{W}$ sera plus grand. Ce rapport sera d'autant plus grand, qu'on sera plus près du point de départ A, comme on le voit dans la fig. 6. En choquant près du point de départ le rapport $\frac{w}{W}$ est égal à $\frac{R-l}{R}$, dont le maximum répond au point le plus bas où l'on puisse frapper sans que la queue cesse de quitter la bille après le choc : ce point a été trouvé, dans le chapitre précédent, répondre à $\frac{R-l}{R} = 0,60$, ce qui donne $l = 0,40 \, R$.

En partant de cette valeur de l, voyons ce que devient la perpendiculaire π.
On a

$$\pi = \frac{w \, W_a \sin. \psi}{7 f g}.$$

Le maximum de sin. ψ pour tous les angles φ, c'est-à-dire pour toutes les positions du point de choc sur la bille adverse, est l'unité. A cette valeur répond à très-peu près le maximun de π, à cause du peu de variation de W_a vers le point qui répond à sin. $\psi = 1$. Pour $l = 0,40 \, R$, on a $w = 0,60 \, W$,
et par suite

$$W_a = 2,15 \, W,$$

d'où l'on tire que le maximum de π est très-près de

$$\pi = 0,36 \, \frac{W^2}{2 f g}.$$

Or, on a vu, au chapitre III, que quand on donne le coup de queue à 0,60 au-dessous du centre, on a, pour la vitesse du centre comparée à la vitesse W_0 que prendrait la bille si le même coup de queue était donné au centre,

$$W_r = 0,50 \; W_0.$$

Ainsi on aura pour la valeur approchée du maximum de π

$$\pi = 0,09 \; \frac{W_0^2}{2fg},$$

pour un fort coup de queue on a

$$\frac{W_0^2}{2fg} = 10,00.$$

Ainsi on a à peu près,

$$\pi = 0,90,$$

Pour un coup de queue ordinaire qui répond à $\dfrac{W_0^2}{2fg}$ $= 4,80$, on aurait à peu près

$$\pi = 0,43.$$

On voit donc que, lorsqu'on recule après le choc, circonstance où les courbes sont les plus prononcées, la distance π est assez grande.

Quant au mouvement de la bille adverse par suite du choc, lorsque l'on néglige le frottement entre ces billes, il n'y a aucun calcul à faire pour le déterminer : il est clair qu'il se fera toujours dans le sens de la normale au point de choc et avec une vitesse de translation du centre qui sera $W \sin. \varphi$. La vitesse de rotation de cette bille sera d'abord nulle, et elle deviendra $\frac{5}{7} W \sin. \varphi$ quand elle sera à son état final.

CHAPITRE IV.

Des effets d'un deuxième choc entre deux billes, à une petite distance d'un premier choc.

Si l'on veut examiner ce qui arrivera si la bille du joueur, après avoir choqué une première bille vient en choquer une deuxième avant qu'elle ne soit à l'état final, et pendant qu'elle décrit encore une courbe, conséquemment pendant que les vitesses W et w sont non-seulement différentes en grandeur, comme nous l'avons déjà supposé dans les problèmes précédens, mais encore différentes en direction; il suffira de se reporter à la construction générale du premier chapitre, en employant pour W et w les valeurs qui ont lieu à l'instant de ce deuxième choc. Or, si l'on suppose d'abord que la deuxième bille choquée est assez près de la première pour que les élémens W et w de la bille du joueur n'aient pas changé sensiblement entre le premier et le deuxième choc; il suffira de remarquer que lorsqu'on néglige le frottement pendant le choc et l'imperfection de l'élasticité, comme cela peut se faire pour des billes ordinaires en bon état, alors la direction de la vitesse de rotation AII (*fig.* 15) du centre de percussion inférieur n'éprouve pas de changement. La vitesse W, avant le deuxième choc, devient la corde AB menée perpendiculairement au rayon RT, qui va au point du premier choc T; le cercle ATB représentant l'équateur horizontal de la bille.

Pour représenter toutes les marches de la bille du joueur après le deuxième choc, lorsque tout restant de même, ce sera seulement le point de ce deuxième choc qui changera, on décrira sur AB, comme diamètre, un cercle qui représentera d'abord l'équateur horizontal de l'autre bille; on tirera la corde AB' perpendiculaire au rayon R'T' mené au point de choc T' sur cette deuxième bille, et HB' sera la direction de la marche finale de la bille du joueur. Il ne restera plus qu'à avoir le point L, extrémité de la courbe décrite, point par lequel il faut faire passer la parallèle à HB' pour placer la marche finale dans sa véritable position. Pour cela, on fera comme on l'a indiqué au premier chapitre.

Le point H devant être toujours pris à la distance $AH = w$ du point A au moment du premier choc, il sera facile de reconnaître dans quelles limites peut varier la direction finale après le deuxième choc lorsqu'on fait varier la position du choc, soit sur la première, soit sur la deuxième bille. Si le point de choc varie de position sur la deuxième bille, les directions finales seront limitées par les deux tangentes menées du point H au petit cercle décrit sur AB comme diamètre. Lorsque le point H deviendra intérieur à ce petit cercle, la bille prendra toutes les directions possibles dans sa marche finale.

Si l'on fait varier le point de choc sur la première bille, et en outre sur la deuxième; alors les marches finales pourront encore être limitées par les tangentes extrêmes menées à la courbe enveloppe du petit cercle mobile décrit sur les cordes successives AB, comme diamètre (*fig.* 16).

Pour avoir l'équation de cette courbe enveloppe, désignons par α et β les coordonnées du centre du cercle mobile, lequel centre est aussi sur un cercle; nous aurons, en appelant R son rayon qui est égal à $\dfrac{W}{4}$

(A) $$\alpha^2 + \beta^2 - 2\beta R = 0.$$

L'équation du cercle mobile est, en posant pour abréger, $x^2 + y^2 = \rho^2$,

(B) $$\alpha x + \beta y = \frac{\rho^2}{2},$$

on a donc

$$x\,d\alpha + y\,d\beta = 0,$$

et

$$\alpha\,d\alpha + (\beta - R)\,d\beta = 0,$$

d'où l'on tire en éliminant $\dfrac{d\beta}{d\alpha}$

$$\alpha y - \beta x = -Rx,$$

et comme on a

$$\alpha x + \beta y = \frac{\rho^2}{2},$$

on obtiendra ainsi les valeurs de α et de β au moyen de ces deux équations; elles sont données par

$$\rho^2 \alpha = -Rxy + \frac{\rho^2 x}{2},$$

$$\rho^2 \beta = R x^2 + \frac{\rho^2 y}{2}.$$

En substituant dans l'équation (A) après l'avoir multipliée par ρ^4, on trouve

$$\left(Rxy - \frac{\rho^2 x}{2}\right)^2 + \left(Rx^2 + \frac{\rho^2 y}{2}\right)^2 - 2R\rho^2\left(Rx^2 + \frac{\rho^2 y}{2}\right) = 0.$$

En développant cette équation, elle devient, après avoir ôté le facteur ρ^2, et après avoir remplacé x^2 par $\rho^2 - y^2$,

$$\left(\frac{\rho^2}{2} - Ry\right)^2 = R^2 \rho^2,$$

ou en extrayant la racine et ne prenant que le signe positif, le seul qui se rapporte à l'enveloppe cherchée; on a

$$2R(\rho + y) = \rho^2.$$

Cette équation donnerait un moyen facile de construire la courbe par point. Mais il suffit ici de remarquer qu'elle est une épicycloïde engendrée par un cercle d'un rayon égal à R ou à $\frac{W}{4}$, qui roule autour d'un cercle égal, ayant son sommet en A et son centre sur AD (*fig.* 16).

En effet, l'équation de cette épicycloïde s'obtient en éliminant l'angle φ entre les deux équations

$$x = 2R \sin. \varphi + R \sin. 2\varphi,$$
$$y - R = 2R \cos. \varphi + R \cos. 2\varphi.$$

Or, elles deviennent, en mettant pour sin. 2φ et cos. 2φ leurs valeurs

$$\frac{x}{2R} = \sin. \varphi + \sin. \varphi \cos. \varphi,$$

$$\frac{y}{2R} = \cos. \varphi + \cos.^2 \varphi,$$

ce qui donne,

$$\tan. \varphi = \frac{x}{y},$$

d'où, en posant toujours, $\rho^2 = x^2 + y^2$

$$\sin. \varphi = \frac{x}{\rho},$$

$$\cos. \varphi = \frac{y}{\rho}.$$

Mettant la valeur de cos. φ dans l'expression de y, on aura, en divisant tout par y,

$$2\,\mathrm{R}\,(\rho + y) = \rho^2,$$

équation toute semblable à la précédente. Ainsi cette épicyloïde est bien l'enveloppe du cercle mobile.

Par la construction connue de la tangente à l'épicyloïde, on trouverait facilement que quand la rotation est directe au moment du premier choc, la plus grande déviation finale ψ qui puisse résulter de deux chocs successifs est donnée par

$$\sin. \psi = \frac{3\,\mathrm{W}}{\mathrm{W} + 4\,w}\sqrt{\frac{3\,w}{\mathrm{W} + 4\,w}}.$$

Quand la bille du joueur est à l'état final, le plus grand angle de déviation résultant de deux chocs successifs est de 51° 34′; c'est ce qui résulte de l'expression ci-dessus en y faisant $w = \frac{2}{5}\,\mathrm{W}$.

On voit par la figure 15 que lorsque le premier choc se fait avec une vitesse de rotation rétrograde, c'est-à-dire lorsque le point H doit se porter en H′ du côté de D; si ce point H′ tombe en dessus du point Q où le petit cercle coupe à AD, c'est-à-dire où tombe la perpendiculaire BQ, abaissée de B, ce qui revient à la condition pour reculer après le premier choc dans l'état final; alors, le point de choc sur la première bille restant le même, si l'on fait varier le point de choc sur la deuxième bille, les déviations finales après le deuxième choc sont comprises entre les tangentes extrêmes menées par ce point H′ à ce petit cercle.

Si dans ce même cas le point de choc varie sur la première bille adverse, alors il n'y a pas de limites aux directions finales ni après le premier choc ni après le deuxième.

Si la deuxième bille adverse, au lieu d'être très-près de la première s'en trouvait assez distante pour que dans le trajet de l'une à l'autre les élémens, tels qu'ils existaient après le choc, eussent pu changer sensiblement, alors la vitesse AB = W cos. φ devrait se changer en AB' (*fig.* 17), et les vitesses AF et AH devraient se changer en AF' et AH'. On peut voir, soit par la construction de la figure 3, soit dans l'exposé préliminaire, à l'explication des fig. 56 et 57, 58 et 59, la manière d'obtenir la valeur et la direction de ces vitesses AB', AH' et AF' à l'instant du deuxième choc. Ayant ces élémens, on décrira un cercle sur AB' comme diamètre, on reportera le point H en H' sur la droite HH' = BB', parallèle à BF, et en menant de H' les tangentes extrêmes au cercle décrit sur AB' comme diamètre, on aura ainsi les limites des déviations finales.

Si dans ces constructions on voulait avoir égard à une petite imperfection dans l'élasticité des billes, on procéderait comme on va l'expliquer dans le chapitre suivant, pour un premier choc. Le cercle ADB (*fig.* 18) devrait d'abord être remplacé par le cercle un peu plus petit A'B'D, partant du même sommet D; AB deviendrait AB'. Ensuite le petit cercle au lieu d'être décrit sur AB' comme diamètre, le serait sur A"B égal à (1 — α) AB'; α étant le coefficient qui exprime la fraction de la vitesse normale conservée par la bille du joueur après le choc, ou bien à très-peu près, comme on le fera voir au chapitre suivant, la portion de la force vive perdue par le choc des billes.

La même modification s'applique au cas d'une légère inégalité dans les masses : seulement si c'était
la bille du joueur qui fût la plus légère, la correction
BB′ devrait se porter en sens contraire, en sorte que
le cercle A′B′D au lieu d'être plus petit deviendrait
plus grand que le cercle ABD.

CHAPITRE V.

Du choc de deux billes, en ayant égard au frottement entre les billes pendant le choc, au défaut d'élasticité et à l'inégalité des masses.

Bien que l'on puisse regarder les billes comme élastiques dans leur choc entre elles; cependant, comme cette qualité peut ne pas être aussi parfaite dans certaines billes, on peut, pour compléter la théorie, prévoir le cas d'un défaut d'élasticité. Ce que nous dirons s'appliquerait avec la même facilité à l'inégalité de masse des deux billes, puisqu'elle produit des effets tout analogues.

Lorsque les billes ne sont plus parfaitement élastiques, la bille du joueur, au lieu de prendre toute la vitesse normale, en conservera une partie, et, en admettant que la perte de force vive dans le choc reste en rapport constant avec la force vive avant le choc, il en sera de même de la vitesse normale qui, étant avant le choc $W \sin. \varphi$, deviendra après $\alpha W \sin. \varphi$; α étant un très-petit coefficient dont la valeur est

$$\alpha = 1 - \sqrt{1 - 2\vartheta},$$

ou à très-peu près $\alpha = \vartheta$.

ϑ désignant la perte de force vive qui a lieu dans le choc.

La vitesse de la bille du joueur après le choc, au lieu d'être w cos. φ, sera la résultante de w cos. φ et de $\alpha\, w$ sin. φ. Or, il est facile de voir que si on prend sur AD un point A′ (*fig.* 14) à une distance AA′ $= \alpha$ W, et qu'on décrive un cercle sur A′D comme diamètre ; il suffira, pour avoir égard au défaut d'élasticité, de substituer ce cercle A′B′D au cercle ABD, et de faire toutes les constructions comme dans la figure 11. En effet, AB′ sera alors la vitesse résultante de AB = W cos. φ et de BB′ $= \alpha$ W sin. φ.

On voit donc que le défaut d'élasticité entre les billes aurait pour effet de diminuer les angles que les directions finales font avec la vitesse AD avant le choc.

Le cercle ABD de la figure 6 doit aussi être diminué et l'extrémité A du diamètre AD doit s'abaisser un peu.

S'il s'agit non pas d'un défaut d'élasticité, mais d'iné-galité entre les masses des billes ; alors si c'est la bille du joueur qui est la plus pesante et que son poids dé-passe l'autre d'une fraction α assez petite pour qu'on néglige α^2 ; on aura après le choc

$$BB' = \alpha\, W \text{ sin. } \varphi.$$

Si α est négatif, c'est-à-dire si la bille du joueur est la moins pesante, on prendra BB′ (*fig.* 14 *bis*) dans l'autre sens et on aura toujours

$$BB' = -\alpha\, W \text{ sin. } \varphi,$$

alors le point A′ dans ce dernier cas est hors de AD et le cercle A′B′D enveloppe le cercle ABD.

Nous avons dit qu'on pouvait ordinairement né-gliger le frottement qui a lieu entre les billes pendant le choc ; cependant, comme cela ne se peut plus dans certains coups, et comme d'ailleurs toutes les billes

ne sont pas également polies, et qu'il y en a sur lesquelles ce frottement est plus sensible : nous allons
le considérer dans ce chapitre. Les formules et les
constructions que nous établirons nous serviront d'ailleurs, avec de très-légères modifications, pour le choc
contre la bande, où le frottement n'est jamais négligeable.

En tenant compte du frottement des billes entre elles,
nous pourrons tout-à-fait négliger celui qui se produit sur le tapis aux points d'appui des billes pendant le choc, puisque celui-ci ne peut résulter que de
la composante verticale de la quantité de mouvement
produite seulement par le frottement entre les billes,
lequel est fort petit d'après les expériences que nous
avons rapportées précédemment. Nous négligerons
aussi, à plus forte raison, la très-petite vitesse verticale que les centres des billes peuvent prendre par
l'effet de ce frottement, cet effet étant détruit par la
résistance du tapis ou rendu insensible par le poids
des billes qui les ramène de suite contre le tapis
qu'elles ne quittent même pas.

Occupons-nous d'abord de l'effet du frottement en
général dans le choc de deux sphères. Posons les
équations de mouvement de chaque sphère, et pla-
çons d'abord le plan coordonné des z, x, parallèle au
plan tangent au point où se fait le choc ; ce qui est
toujours possible si l'on admet que pendant la durée
du choc ce point ait très-peu changé de place.

Désignons par Φ la force qui se produit au contact
par l'effet du frottement ; cette force agit dans la direction de la vitesse relative. Donnons aux quantités
U, V, p, q, r les mêmes significations que précédemment pour une des billes ; nous y ajouterons la vi-

tesse S dans le sens de l'axe des z. Distinguons par U′, V′, S′, p′, q′, r′ les quantités analogues qui se rapportent à l'autre bille. En mettant des 1 au bas de toutes ces lettres, nous désignerons ce que sont ces quantités à l'instant où le choc commence. Représentons encore par XYZ les composantes de la force au contact, Y et Z se rapportant au seul frottement Φ, et X à la pression normale.

Prenons les coordonnées positives du même côté pour les deux billes, et remarquons que la force qui se développe par le choc sur une des billes, y compris le frottement, agit également et en sens opposé sur l'autre; nous aurons, en vertu de cette réciprocité de la force,

$$M \frac{dU}{dt} = - X = - M \frac{dU'}{dt},$$

$$M \frac{dV}{dt} = - Y = - M \frac{dV'}{dt},$$

$$M \frac{dS}{dt} = - Z = - M \frac{dS'}{dt},$$

ce qui donne

(A)
$$U + U' = U_1 + U_1',$$
$$V + V' = V_1 + V_1',$$
$$S + S' = S_1 + S_1',$$

En raison de ce que le point où se fait le choc se déplace très-peu pendant sa durée, et reste ainsi sensiblement à la même place par rapport aux plans coordonnés, on aura pour les momens

$$\tfrac{5}{2} MR^2 \, dp = 0 \qquad \tfrac{5}{2} MR^2 \, dp' = 0,$$
$$\tfrac{2}{5} MR^2 \, dq = - RZ \qquad \tfrac{2}{5} MR^2 \, dq' = + RZ,$$
$$\tfrac{2}{5} MR^2 \, dr = + RY \qquad \tfrac{2}{5} MR^2 \, dr' = - RY,$$

ce qui donne

(B)
$$p + p' = p_1 + p_1',$$
$$q + q' = q_1 + q_1',$$
$$r + r' = r_1 + r_1'.$$

En éliminant Z et Y entre les équations différentielles et intégrant, on trouve

(C)
$$\tfrac{2}{5} R (p - p_,) = 0,$$
$$\tfrac{2}{5} R (q - q_,) = S - S_,$$
$$\tfrac{2}{5} R (r - r_,) = (V - V_,).$$

et

(D)
$$\tfrac{2}{5} R (p' - p'_,) = 0,$$
$$\tfrac{2}{5} R (q' - q'_,) = - (S' - S'_,),$$
$$\tfrac{2}{5} R (r' - r'_,) = V' - V'_,.$$

Ces trois dernières rentrent dans les neuf précédentes.

Remarquons que dans les équations des momens on doit ne prendre pour Z et Y que les composantes du frottement, puisque la force normale a un moment nul. Remarquons encore que ce frottement agit dans la direction de la vitesse relative ; ainsi, les composantes du frottement qui agit sur la première bille seront

$$Y = \frac{(V + Rr - V' - Rr')}{\sqrt{V + Rr - V' - Rr')^2 + (S - Rq - S' + Rq')^2}} \, \Phi,$$

$$Z = \frac{(S - Rq - S' + Rq')}{\sqrt{(V + Rr - V' - Rv')^2 + (S - Rq - S' + Rq')^2}} \, \Phi,$$

ou en désignant pour abréger par θ le radical qui exprime la vitesse relative du frottement

$$Y = \frac{(V + Rr - V' - Rr')}{\theta} \, \Phi,$$

$$Z = \frac{(S - Rq - S' + Rq')}{\theta} \, \Phi.$$

Prenons maintenant les équations qui se rapportent à l'une des billes, on aura pendant le choc

(E)
$$M \frac{dU}{dt} = - X,$$
$$M \frac{dS}{dt} = - \frac{(S - S' - Rq + Rq')}{\theta} \, \Phi,$$
$$M \frac{dV}{dt} = - \frac{(V - V' + Rr - Rr')}{\theta} \, \Phi.$$

ou en divisant les deux dernières équations l'une par l'autre

$$\frac{d\mathrm{V}}{\mathrm{V}-\mathrm{V}'+\mathrm{R}r-\mathrm{R}r'} = \frac{d\mathrm{S}}{\mathrm{S}-\mathrm{S}'-\mathrm{R}q+\mathrm{R}q'}.$$

Or, à cause des neuf relations linéaires (A), (B), (C) entre les douze inconnues U, V, S, U', V', S', p, q, r, p', q', r', le dénominateur de dV deviendra une fonction linéaire de V, et celui de dS une fonction linéaire de S; ainsi, cette équation différentielle s'intégrera par logarithme, et, en passant aux nombres, elle établira un rapport constant entre les dénominateurs pendant la durée du choc. Comme ceux-ci sont proportionnels aux cosinus des angles que le frottement φ fait avec les axes, il en résulte que *ce frottement conserve une direction constante pendant la durée du choc.*

Cette proposition facilite beaucoup l'introduction du frottement dans le choc des billes, puisqu'il suffit, pour avoir sa direction, de la prendre à l'origine du choc.

Nous allons maintenant considérer ce frottement dans le choc d'une bille en mouvement contre une bille en repos.

Nous appellerons toujours W la vitesse du centre de la bille en mouvement, et φ l'angle que fait la direction de cette vitesse avec la tangente au point de choc.

La direction du frottement sur le plan tangent se déterminera comme nous avons déterminé celle du frottement sur le tapis. Il suffira de se rappeler que les quantités $\mathrm{R}p$, $\mathrm{R}q$, $\mathrm{R}r$ peuvent être considérées comme les projections sur les plans coordonnés des

vitesses de rotation des points situés sur des grands
cercles parallèles à ces plans. Prenons pour axe des y
la direction de la tangente au point du choc, c'est-à-
dire celle de la vitesse W cos. φ du centre de la bille,
immédiatement après le choc.

La vitesse de rotation du point où se fait le choc,
en la considérant comme étant sur l'équateur horizontal, sera en projection horizontale Rr; et la vitesse
de rotation du même point, en la considérant comme
située sur un méridien vertical passant par le point
de choc, c'est-à-dire perpendiculaire à la tangente
horizontale en ce point, aura pour composante verticale, en la prenant positivement de bas en haut,
— Rq.

Ainsi, en posant pour abréger

$$\omega = \sqrt{(\mathrm{R}r + \mathrm{W} \cos. \varphi)^2 + (\mathrm{R}q)^2},$$
$$\omega = \sqrt{(\mathrm{R}^2 r^2 + \mathrm{R}^2 q^2)},$$

l'angle α que fait la vitesse au point de choc avec la
direction de la vitesse W cos. φ tangentielle et horizontale en ce point, sera déterminée par

$$\sin. \alpha = - \frac{\mathrm{R}q}{\omega},$$
$$\cos. \alpha = \frac{\mathrm{R}r + \mathrm{W} \cos. \varphi}{\omega},$$

cet angle α sera pris positivement quand il se comp-
tera en dessus du tapis.

Nous désignons ici par f' le rapport entre le frottement et la quantité de mouvement qui se produit
au contact.

L'effet du frottement sera de produire sur le centre
de la bille une vitesse horizontale

$$- f' \mathrm{W} \sin. \varphi \cos. \alpha,$$

opposée à la vitesse W cos. φ, et une vitesse verticale

$$- f' \, W \sin. \varphi \; n \; s. \; \alpha.$$

Nous ne considérerons pas cette dernière, vu que son
effet ne peut être sensible sur le mouvement horizontal. D'ailleurs on verra au chapitre VIII que cette
vitesse verticale ne change en rien la direction de la
marche finale, et qu'en tous cas, on peut déterminer
son influence sur la courbe décrite.

Le frottement produira en outre des momens de
rotation qui seront : autour de l'axe des z

$$- f' \, W \sin. \varphi \cos. \alpha \; R \; ;$$

autour de l'axe des y parallèle à la vitesse W cos. φ.

$$+ f' \, W \sin. \varphi \sin. \alpha \; R.$$

La vitesse W cos. φ conservera sa direction et deviendra

$$W \cos. \varphi - f w \sin. \varphi \cos. \alpha,$$

et les quantités $\frac{2}{5} R^2 p$, $\frac{2}{5} R^2 q$, $\frac{2}{5} R^2 r$, qui sont les momens des vitesses de rotation autour des arcs, devien-
dront après le choc

$$\frac{2}{5} R^2 p,$$
$$\frac{2}{5} R^2 q + f R \, W \sin. \varphi \sin. \alpha.$$
$$\frac{2}{5} R^2 r - f R \, W \sin. \varphi \cos. \alpha.$$

Ainsi, en appelant W' et Rp', Rq', Rr', les élémens qui
ont lieu après le choc, on aura

$$W' = W \cos. \varphi - f' \, W \sin. \varphi \cos. \alpha,$$
$$\tfrac{2}{5} R p' = \tfrac{2}{5} R p,$$
$$\tfrac{2}{5} R q' = \tfrac{2}{5} R q + f' \, W \sin. \varphi \sin. \alpha,$$
$$\tfrac{2}{5} R r' = \tfrac{2}{5} R r - f' \, W \sin. \varphi \cos. \alpha.$$

Si l'on pose pour abréger

$$f' \, W \sin. \varphi = \beta,$$

les équations ci-dessus deviennent

$$W' = W \cos. \varphi - \beta \cos. \alpha,$$
$$\tfrac{2}{5} R p' = \tfrac{2}{5} R p,$$
$$\tfrac{2}{5} R q' = \tfrac{2}{5} R q + \beta \sin. \alpha,$$
$$\tfrac{2}{5} R r' = \tfrac{2}{5} R r - \beta \cos. \alpha.$$

Si l'on désigne par u et v les composantes de la vitesse du centre de percussion supérieur, on aura

$$- u = \tfrac{2}{5} R q,$$
$$v = \tfrac{2}{5} R p.$$

Si l'on distingue par des accens les valeurs de u et de v après le choc, il viendra

$$u' = u - \beta \sin. \alpha,$$
$$v' = v;$$

et toujours

$$W' = W \cos. \varphi - \beta \cos. \alpha.$$

En introduisant dans sin. α la relation $- u = \tfrac{2}{5} R q$, et dans celle de cos. α la valeur $R r = - \tfrac{5}{2} W_{,} \dfrac{h}{R}$ qui a lieu après un coup de queue horizontal; on aura, en signes et en grandeurs, les égalités

$$\sin \alpha = \tfrac{5}{2} \frac{u}{\omega},$$

$$\cos. \alpha = \frac{W \cos. \varphi - \tfrac{2}{5} W_{,} \dfrac{h}{R}}{\omega},$$

et

$$\omega = \sqrt{ \left(\tfrac{5}{2} u \right)^2 + \left(W \cos. \varphi - \tfrac{5}{2} W_{,} \frac{h}{R} \right)^2 },$$

à l'aide de ces valeurs, de celle de β, qui est

$$\beta = f' W \sin. \varphi,$$

de celles de W', u' et v', qui sont

$$W' = W \cos. \varphi - \beta \cos. \alpha,$$
$$u' = u - \beta \sin. \alpha,$$
$$v' = v.$$

il est facile de construire tout ce qui se rapporte à la marche de la bille après le choc.

Si l'on avait la longueur β et l'angle α, il suffirait de diminuer W cos. φ, ou AB (*fig.* 19) de β cos. α, diminution qui se change en augmentation quand cos. α est négatif; et de modifier AH de manière que sa projection *v* sur AB ne changeât pas, et que sa projection *u* sur la perpendiculaire à AB diminuât de β sin. α. Comme sin. α a le même signe que *u*, il s'ensuit que ce sera toujours une diminution qu'il faudra faire subir à la grandeur de *u*, quel que soit son signe.

Il reste donc à examiner comment on construira sin. α et cos. α.

D'abord, si le choc a lieu après un coup de queue horizontal et avant tout autre choc, la vitesse de rotation *w* du centre de percussion étant dans la direction de la vitesse W, ou AD de la figure 20, $\frac{5}{7} u$ sera la projection de $\frac{5}{7} w$, c'est-à-dire de la vitesse AF de rotation du point supérieur sur la direction perpendiculaire à AB. Ainsi, $\frac{5}{7} u$ sera la distance entre le point F et la ligne AB.

La quantité W cos. φ étant la longueur AB; si l'on porte sur AB, à partir du point A, une longueur AC égale à $W.\frac{h}{\frac{2}{5}R}$, laquelle est donnée en fonction de *h* au moyen de la figure 8 lorsque $l = R$, et si l'on a soin de porter cette longueur du côté de B si *h* est positif, et du côté opposé si *h* est négatif, c'est-à-dire si le coup de queue est donné du côté opposé à celui où se fait le choc sur la bille adverse; alors la distance de C à B, en la prenant dans le sens qui va de C vers B, c'est-à-dire négative si le point C tombe au delà de B, sera toujours égale en grandeur et en signe à

$$W \cos. \varphi - \tfrac{5}{2} W_{\iota} \frac{h}{R}.$$

Ayant les deux quantités $\tfrac{5}{2} u$ et $W \cos. \varphi - \tfrac{5}{2} W_{\iota} \frac{h}{R}$ qui forment les numérateurs de sin. α et cos. α, il est clair que l'angle α sera celui que fait avec AB une ligne CK allant de C vers le point K, pris sur la perpendiculaire BD à AB, à la même distance de AB que le point F, c'est-à-dire sur le pied de la perpendiculaire FK abaissée de F sur DB. Cet angle, en effet, sera obtus quand cos. α doit être négatif, et son sinus aura aussi le signe de u, c'est-à-dire de sin. α.

Si l'on décrit un cercle sur un diamètre $DA' = DA + f' DA$ (*fig. 20*), qu'on prolonge DB jusqu'à ce cercle, en G; on aura $BG = f' W \sin. \varphi$; cette longueur BG sera ce que nous avons représenté par β dans les formules précédentes. Si donc on fait tourner BG autour du point B de manière à l'amener en BB″ dans une direction qui de B vers B″ soit parallèle à celle qui va de K vers C, en projetant BB″ en B′ sur AB, la distance AB′ sera la valeur de W après le choc, puisque l'on aura bien

$$W' = AB' = W \cos. \varphi - \beta \cos. \alpha,$$

et cela, quel que soit le signe de cos. α.

On aura la nouvelle vitesse AH′ en transportant le point H en H′, et le rapprochant de AB dans une direction perpendiculaire, et d'une distance HH′ égale à $\beta \sin. \alpha$, c'est-à-dire à B″B′; puisqu'on aura bien

$$u' = u - \beta \sin. \alpha.$$

9

On aura donc ainsi les élémens AB' et AH' du mouvement de la bille du joueur après le choc, en ayant égard à l'effet du frottement qui s'est produit entre elles pendant le choc.

On doit remarquer que pour avoir la direction finale H'B', on peut, au lieu de déplacer les deux points H et B, conserver le point H ; et alors, au lieu d'employer le point B' extrémité de AB' pour tirer H'B', on se servira du point B'', puisqu'il est facile de voir que HB'' est parallèle à H'B'.

Si la rotation, au lieu d'être directe, eût été rétrograde au moment du choc, et que w eût changé de sens, auquel cas le point H eût été en dessus de A du côté de D, et le point F en dessous ; alors il est facile de voir que la construction devient celle qu'on voit (*fig.* 21); BB'' y est pris égal à BG et parallèlement à la direction de KC. Le point B'' est celui qu'il faut joindre à H pour avoir la direction de la marche finale de la bille du joueur. On aura séparément les élémens AB' et AH' après le choc, en projetant B'' en B' sur AB, et en déplaçant H de HH' = B''B' dans le sens qui va de B'' vers B'.

La direction finale pouvant être toujours tracée par le point H, et le frottement n'ayant sur cette direction d'autre effet que de transporter B en B'' ; on voit que ce frottement, quand la rotation est directe et qu'on est dans le cas de la figure 20, a pour effet d'accroître l'angle que la déviation finale fait avec AD ; et quand la rotation est rétrograde, comme on le voit dans la figure 21, de diminuer cet angle. Ainsi son effet en général est de diminuer l'angle aigu que fait la direction finale HB avec la direction initiale AB, c'est-à-dire l'amplitude courbe de la parabole.

On voit aussi par les figures 20 et 21 comment cet angle est modifié suivant que le coup de queue est donné du côté où se fait le choc sur la bille adverse ou du côté opposé.

Au lieu de considérer un premier choc après le coup de queue horizontal, comme nous venons de le faire, si l'on considère un deuxième choc ; alors les vitesses W et w, au moment du second choc, ne seront plus sur la même ligne ; elles se sépareront et feront un certain angle. Cet angle sera DAB de la figure 15, si T est le point du premier choc et si la seconde bille choquée est tout près de la première. Si elle est à une distance un peu sensible qui permette aux élémens AF et AD de se rapprocher ; on fera d'abord ce changement comme on l'a indiqué au chapitre précédent où l'on a traité de ce deuxième choc. Ensuite, pour avoir égard au frottement dans le deuxième choc, on n'aura qu'à employer les constructions précédentes, en y laissant à AH une direction quelconque. Alors, comme on a toujours

$$\sin. \alpha = \tfrac{5}{2}\frac{u}{\omega},$$

il suffira de prendre toujours pour $\tfrac{5}{2} u$ la projection de $\tfrac{5}{2} w$ ou AF' (*fig.* 22) sur la perpendiculaire à AB. On voit donc que la construction de l'angle α se fera d'une manière toute semblable à celle que nous venons d'indiquer.

On mènera F'K, parallèle à AB, jusqu'à sa rencontre K avec la corde D'B ; en prenant CA$=\tfrac{5}{2}$ W $\dfrac{h}{R}$ sur AB, la ligne CK fera l'angle α avec AB. On n'aura plus, pour obtenir l'effet du frottement pour toutes les positions du point T' du deuxième choc, qu'à décrire le demi-cercle D'GA' sur $(1 + f_1)$ AD' comme diamètre, et à faire tourner la partie BG de la corde D'B pour l'amener en BB'' dans une direction parallèle et opposée à CK. La droite HB'' sera la direction de la marche finale de la bille après le deuxième choc.

Si l'on veut séparément les deux élémens AB', AH' après ce deuxième choc, pour tracer la courbe et la position de la marche finale; on fera comme précédemment, on projettera B'' sur AB en B', puis on déplacera H d'une distance HH' = B''B', et dans une direction parallèle à B''B' en se rapprochant de AB : les vitesses AB' et AH' seront celles qu'on devra employer pour déterminer la courbe décrite par la bille du joueur après le deuxième choc par suite de l'effet du frottement des billes.

En vertu de l'équation posée plus haut,

$$\tfrac{2}{5} \, Rr' = \tfrac{2}{5} \, Rr - \beta \cos. \, \alpha,$$

ou

$$Rr' = Rr - \tfrac{5}{2} \, \beta \cos. \, \alpha.$$

On voit que la vitesse horizontale de rotation de l'équateur horizontal, qui ne s'altère pas sensiblement pendant le mouvement de la bille sur le tapis, sera un peu changée par l'effet du choc. Elle aura été portée dans le sens rétrograde de $\tfrac{5}{2} \beta \cos. \, \alpha$, ou de $\tfrac{5}{2} \, \overline{BB'}$, si cos.$\alpha$ est positif, et dans le sens direct si cos. α est négatif. Ainsi dans le cas où l'on voudra traiter un deuxième choc contre une autre bille, il faudra alors, au lieu d'employer AC (*fig.* 20 et 21), se servir de AC': le point C ayant été ainsi porté de C vers C' dans la direction de B vers B', et d'une quantité CC' égale aux $\tfrac{5}{2}$ de la distance BB'.

La bille adverse, immobile avant le choc, marche-
rait toujours en ligne droite en suivant la normale au
contact sans la légère influence du frottement entre
les billes pendant le choc. Pour avoir son mouvement,
eu égard à ce frottement, on remarquera que sa vitesse de translation serait représentée par la corde
BD (*fig.* 23), et que sa vitesse de rotation serait nulle
s'il n'y avait pas l'influence du frottement. Or, en
vertu de ce que ce frottement sur cette bille adverse
est égal et directement opposé à celui qui se produit
sur la bille du joueur, on aura la marche finale de la
bille adverse en joignant le point D au point B″ construit comme dans la figure 20; seulement cette marche se dirigera de B″ vers D. Si l'on veut, non pas seulement la direction de cette marche, mais la grandeur des élémens W et *w* après le choc, pour tracer
la courbe décrite et placer la marche finale, parallèle
à B″D, dans sa véritable position; on prendra B′D pour
la valeur et la direction de la vitesse W du centre, et
B″B′ pour la valeur et la direction de la vitesse de rotation précédemment désignée par AH, c'est-à-dire la
vitesse de rotation du centre inférieur de percussion,
ou, si l'on veut, B′B″ pour la vitesse de rotation du
centre de percussion supérieur.

La construction précédente montre que la direction
finale B″D s'écarte de la direction initiale B′D d'un
angle qui est très-petit par rapport à l'angle déjà très-
petit BDB′ de la déviation initiale. Ainsi, il n'y a pas
de courbe sensible décrite par bille adverse par l'effet
du frottement pendant le choc.

Il est clair que l'effet du frottement dans le choc sera
de donner à la bille adverse une vitesse de rotation *w*

ou AH égale à la variation de celle de la bille du joueur et en sens contraire de cette vitesse. Ainsi, si l'on voulait considérer l'influence de cette vitesse de rotation dans un choc de cette bille adverse, soit contre une autre bille, soit contre la bande, il faudrait la prendre rétrograde quand celle du joueur est directe, et la prendre directe quand celle du joueur est rétrograde.

Lorsque la vitesse w est rétrograde au moment du choc comme dans la figure 21, la même construction s'appliquera à la marche finale de la bille adverse ; elle sera donnée par la direction de la droite B″D. Dans ce cas B′D sera la vitesse W de cette bille en grandeur et en direction, et DB′ sera en grandeur et en direction de la valeur de w, ou la vitesse du centre de percussion de cette même bille adverse.

Si la bille adverse est choquée par la bille du joueur peu après un premier choc, c'est-à-dire quand les vitesses W et w font un certain angle avant le choc, comme dans la figure 22 ; la direction finale du mouvement de la bille adverse sera donnée par la droite D′B″ de cette figure.

Si l'on veut considérer la vitesse de rotation horizontale Rr de l'équateur horizontal de la bille adverse ; il est clair qu'elle sera égale à $\frac{5}{7} \beta$ cos. α, ou à $\frac{5}{7}$ BB′, et qu'il faudra la prendre en sens contraire de BB′, c'est-à-dire qu'on la portera dans le sens de B′ vers B.

Toutes ces influences du frottement sont très-faibles, comme on l'a dit, pour des billes bien polies ; mais il était bon de reconnaître dans quel sens elles modifient la marche des billes quand les frottemens ne sont pas négligeables pour des billes un peu dégradées.

CHAPITRE VI.

Du choc contre la bande, soit directement, soit après un autre choc.

Examinons ce qui arrive lorsque la bille du joueur vient rencontrer la bande, son centre ayant une vitesse W qui fait un angle φ avec cette bande, et les élémens du mouvement de rotation étant Rp, Rq, Rr, en les rapportant à la bande pour axe des y, et en prenant les x du côté du billard.

Pour avoir les élémens du mouvement après le choc, nous désignerons par ε un coefficient fractionnaire numérique, tel que la vitesse normale rendue par la bande après le choc soit représentée par

$$\varepsilon \, W \sin. \varphi.$$

La quantité de mouvement produite par la bande sur la bille pendant le choc sera

$$W \sin. \varphi \, (1 + \varepsilon).$$

$f_{,}$ étant le coefficient de frottement pendant le choc contre la bande, la quantité de mouvement due à ce frottement pendant le choc sera

$$f_{,} (1 + \varepsilon) \, W \sin. \varphi,$$

Soit pour abréger $f_{,} (1 + \varepsilon) = f''$; cette quantité de mouvement sera exprimée par

$$f'' \, W \sin. \varphi.$$

Nous indiquerons plus loin le moyen de déterminer le coefficient f, par quelques expériences sur le billard.

D'après ces expériences, nous avons reconnu que f, devait être pris un peu plus faible que pour le cas de la simple pression due au poids de la bille dans sa marche sur le tapis, et qu'il fallait le porter au cinquième de la quantité de mouvement produite pendant le choc.

En suspendant une bille à un fil et la faisant frapper contre la bande où elle arrivait lorsque le fil était dans une position verticale, nous avons trouvé, par une série de plus de cinquante expériences pour des vitesses, depuis 0,20 par seconde jusqu'à 7,00, que le coefficient ε restait assez près de 0,55. Il se tient à 0,60 pour de faibles vitesses ; il baisse ensuite un peu et se réduit à 0,50 pour la vitesse de 7,00. La marche de sa valeur, par rapport aux vitesses, est représentée sous la figure 33 *bis*, où la courbe qui est tracée a pour abscisses les vitesses W du choc normal, et pour ordonnées les vitesses rendues par la bande, c'est-à-dire les valeurs de ε W.

Comme, d'après les formes des bandes, le point de choc se trouve à peu près à la hauteur du centre des billes, la direction du frottement se déterminera par l'angle α que fait la vitesse au point de choc avec la direction de la bande du côté de la composante de la vitesse de la bille dans le sens de cette bande ; on le prendra positif en dessus du tapis et négatif en dessous. Sin. α et cos. α s'expriment ici comme dans le cas du choc de deux billes. Ainsi φ étant l'angle que fait avec la bande la vitesse W de la bille avant le choc, et u étant la vitesse de rotation du centre de percussion supérieur projetée sur une perpendiculaire à la bande, et Rr étant toujours la vitesse de rotation horizontale des points de l'équateur horizontal; on aura

$$\cos. \ \alpha = \frac{\text{W} \cos. \ \varphi + \text{R}r}{\omega},$$

$$\sin. \ \alpha = \text{R}q = \frac{\frac{5}{2} u}{\omega},$$

ω étant ici une abréviation résultant de l'équation

$$\omega = \sqrt{(\tfrac{5}{2} u)^2 + (\text{W} \cos \varphi + \text{R}r)^2}.$$

En désignant comme à l'ordinaire les élémens du mouvement avant le choc par U, V, Rp, Rq et Rr, et ces élémens après le choc par U′, V′, et Rp′, Rq′ et Rr′, et prenant pour axe des y ou des V la direction de la bande du côté de la vitesse avant le choc, et pour axe des x ou des U positifs la perpendiculaire à la bande du côté du billard; on aura

$$\text{U}' = - \, \varepsilon \, \text{W} \sin. \ \varphi,$$
$$\text{V}' = \text{W} \cos. \ \varphi - f' \, \text{W} \sin. \ \varphi \cos. \ \alpha,$$

et

$$\tfrac{2}{5} \text{R}'p' = \tfrac{2}{5} \text{R}p,$$
$$\tfrac{2}{5} \text{R}'q' = \tfrac{2}{5} \text{R}q + f'' \, \text{W} \sin. \ \varphi \sin. \ \alpha,$$
$$\tfrac{2}{5} \text{R}'r' = \tfrac{2}{5} \text{R}r - f'' \, \text{W} \sin \varphi \cos. \ \alpha,$$

En introduisant les composantes de la vitesse du centre de percussion, que nous avons désignées par u et v, et qui ont avec Rp et Rq des relations

$$u = - \tfrac{2}{5} \text{R}q,$$
$$v = \ \ \tfrac{2}{5} \text{R}p;$$

on aura

$$u' = u - f'' \, \text{W} \sin. \ \varphi \sin. \ \alpha,$$
$$v' = v,$$
$$\tfrac{2}{5} \text{R}'r' = \tfrac{2}{5} \text{R}r - f'' \, \text{W} \sin. \ \varphi \cos. \ \alpha.$$

En posant comme précédemment $f'' W \sin. \varphi = \beta$, on aura

$$U' = - \varepsilon W \sin. \varphi,$$
$$V = W \cos \varphi - \beta \cos. \alpha,$$
$$u' = u - \beta \sin. \alpha,$$
$$v' = v,$$
$$R'r' = Rr - \tfrac{5}{2} \beta \cos. \alpha.$$

Si l'on avait $U' = 0$, ces équations rentreraient tout-à-fait dans celles qui ont donné le mouvement après le choc de deux billes parfaitement élastiques ; il n'y aura donc d'autre modification à faire aux constructions qui ont été expliquées dans le chapitre précédent, que de donner en plus à la vitesse initiale de translation de la bille après le choc une composante $\varepsilon W \sin. \varphi$ perpendiculaire à la bande et du côté du billard.

Ainsi, après avoir tracé la direction incidente AD (*fig.* 24), on abaissera la perpendiculaire DO à la bande, on la prolongera du côté du tapis d'une quantité OB $= \varepsilon$ DO; DO étant ici la vitesse W sin. φ, il s'ensuit que AB sera la vitesse que prendrait la bille après le choc sans l'influence du frottement.

Si le choc a eu lieu après un coup de queue horizontal est sans que la bille du joueur ait rien choqué auparavant, le point H sera sur la direction de la vitesse AD ou du côté opposé si la rotation est directe.

Pour avoir le mouvement après le choc, il suffira de modifier les vitesses AB et AH en raison du frottement contre la bande, absolument comme nous avons indiqué qu'on devait les modifier par l'effet du frottement dans le choc de deux billes.

On prendra sur AD la distance AF $= \tfrac{5}{2} w = \tfrac{5}{2}$ AH du côté opposé au point H; par le point F on mènera la ligne FK parallèle à la bande, et par le point D la ligne DK perpendiculaire à cette même bande. En portant la longueur Rr ou $\frac{5}{7}$ W, $\frac{h}{R}$ de A vers C si h est positif, et du côté opposé si h est négatif, et joignant C et K; la droite CK fera l'angle α avec la bande.

La quantité BB″, dont la grandeur doit être portée dans la direction parallèle à KC, est égale à $f_i (1+\varepsilon)$ W sin. φ, c'est-à-dire qu'elle sera la fraction f_i de la longueur DB. Prenant donc BB″ $= f_i$ DB, et dirigeant BB″ parallèlement à KC, on aura le point B″ par lequel devra passer la direction finale quand on la fera partir du point H.

Si l'on veut avoir non-seulement la direction de la marche finale, mais la position ainsi que la courbe décrite; il faudra construire séparément les élémens AB′ et AH′, qui ont lieu après le choc, comme lorsqu'il s'agissait du choc entre deux billes.

On projettera B″ en B′ sur BB′ parallèle à la bande (*fig.*24 *et* 25); AB′ sera la vitesse W après le choc. En déplaçant H d'une quantité HH′ égale à B″B′, et dans la direction qui va de B″ vers B′, c'est-à-dire qui se rapproche de la bande perpendiculairement, AH′ sera la valeur de w après le choc. On aura ainsi, au moyen des élémens AB′ et AH′, tout ce qui concerne la marche de la bille après le choc.

Quand la bille arrive contre la bande dans son état final de roulement, le point F tombe sur le point D; alors la construction devient celle de la figure 26. Si en même temps la queue a frappé au centre de la bille, le point C reste en A, alors la construction devient celle de la figure 27, où CK se confond avec AD.

Si le choc a lieu lorsque la vitesse de rotation est rétrograde, les points H et F échangent leur position. La construction devient celle de la figure 28; la direction de HB″ ou de la parallèle H′B′ est celle de la marche finale, et AB′ et AH′ sont les directions et les grandeurs des élémens W et w après le choc.

On doit remarquer aussi que l'élément Rr avant le choc, ou AC sur les figures précédentes, se modifie par l'effet du choc et qu'il devient R$r - \frac{5}{2} \beta$ cos. α Ainsi la nouvelle valeur AC à employer dans un deuxième choc contre la bande s'obtiendrait en déplaçant le point C en C′ d'une grandeur CC′ $= \frac{5}{2}$ BB′, et dans le sens opposé à cos. α, c'est-à-dire dans le sens de B vers B′ ou de O vers C.

Dans le cas où la bille du joueur vient d'en choquer une autre avant de frapper la bande, et que la distance entre cette bille adverse et la bande est assez petite pour que les élémens AB et AH n'aient pas repris leurs valeurs finales; alors, au moment du choc contre la bande, les élémens AB et AH (*fig.* 29) ne sont plus sur la même ligne, ils font entre eux un certain angle. En se reportant à ce qui a été dit pour le choc de deux billes, on verra qu'en désignant par u la projection de la vitesse du centre de percussion supérieur sur une perpendiculaire à la bande, on a toujours

$$\sin. \alpha = \frac{5}{2} \frac{u}{\omega},$$

$$\cos. \alpha = \frac{W \cos. \varphi - \frac{5}{2} W_1 \frac{h}{R}}{\omega},$$

ω étant la valeur de

$$\sqrt{(\tfrac{5}{2}\,u)^2 + \left(W \cos.\ \varphi - \tfrac{5}{2}\,W_{\prime}\,\frac{h}{R} \right)}.$$

On construira évidemment ces valeurs comme dans le cas précédent, à cela près que la ligne FK, parallèle à la bande, partira du nouveau point F, extrémité de la ligne $AF = \tfrac{5}{7}\,AH$ et portée dans la direction opposée à AH. Le reste de la construction sera en tout semblable aux précédentes. Dans le cas où la vitesse de rotation est rétrograde au moment du choc, on modifiera la construction comme on le voit dans la figure 30.

Il est facile de voir que les marches après le choc conduiront à des droites, et que les courbes disparaissent si au moment du choc la vitesse w ou AH est nulle.

La figure 31 montre une application d'un deuxième choc contre la bande, après un premier choc contre une bille. Elle suppose que le coup de queue a été donné à gauche et assez haut pour qu'au moment du choc contre la bande, les élémens soient $AD = W$ et $AH = w$. On voit par la construction de la marche finale et du point L, extrémité de la courbe, que la bille du joueur vient ricocher contre la bande.

En prenant en considération les résultats de ce chapitre, on peut déterminer par expérience le coefficient $f_{\prime}$ du frottement dans le choc contre la bande, si l'on a déjà le coefficient ε.

Pour cela il suffira de jouer contre la bande bien perpendiculairement, en donnant le coup de côté et à la hauteur du centre, et en plaçant la bille assez près de la bande pour qu'elle y arrive à l'état de glissement. Si le coup de queue se donne un peu loin de la bande, il suffira de frapper la bille un peu en dessous du centre pour qu'elle arrive à l'état de glissement au moment du choc. En appelant ψ l'angle que forme la marche au retour avec la normale à la bande, il est facile de voir, soit par les formules, soit par les constructions, qu'on aura

$$\tan\psi = f_{,} \frac{(1 + \varepsilon)}{\varepsilon}.$$

Cette tangente sera donnée par expérience en examinant le point où la bille revient toucher la bande opposée. Ainsi, connaissant ε, on tirera de là la valeur de $f_{,}$. Comme il est assez difficile d'être sûr que la bille est arrivée contre la bande à l'état de glissement, on répétera le coup de queue un grand nombre de fois, et l'on observera chaque fois la tangente de l'angle ψ avec la normale. Or, comme ε varie assez pour différentes vitesses, on se trompera très-peu en le regardant comme constant pour les différens coups qu'on aura donnés avec l'intensité la plus constante possible : tang. ψ n'aura donc varié qu'en raison de la rotation horizontale, c'est-à-dire de la valeur de w. Mais comme tang. ψ prend son maximum pour $w = 0$, ainsi que le montrent les constructions indiquées dans ce chapitre, il s'ensuit qu'en observant ce maximum parmi un grand nombre de coups, on aura alors

$$\tan\psi = f_{,} \frac{(1 + \varepsilon)}{\varepsilon},$$

ce qui donne $f_{,}$ au moyen de ε. C'est ainsi que j'ai été conduit à prendre $f_{,} = 0,20$.

CHAPITRE VII.

Cas particulier où il faut modifier les formules et les constructions relatives à l'effet du frottement pendant le choc.

Lorsque le point de la bille du joueur qui vient choquer, soit une autre bille, soit la bande, à une vitesse propre dont la direction fait avec la normale au point de choc un angle inférieur à une certaine limite, alors les phénomènes de mouvement changent de nature. L'effet du frottement pendant le choc n'est plus de produire une quantité de mouvement dans le rapport constant f, avec la quantité de mouvement qui s'est produite normalement au point de contact entre les deux corps; mais de forcer le point de la bille mobile qui est venue toucher l'autre corps à adhérer à ce dernier, et à ne s'en séparer que par rotation et non plus par glissement. Dans ce cas le frottement doit être assimilé à une quantité de mouvement capable d'annuler la vitesse tangentielle au point de contact.

Pour calculer cette quantité de mouvement, désignons-la par Q; désignons par S la petite vitesse verticale que prend le centre de la bille par l'effet du choc, vitesse que nous avons négligée dans les calculs précédens, comme n'influant pas sensiblement sur la marche de la bille, mais qu'il faut considérer ici. Représentons toujours par V et U les autres composantes de la vitesse du centre dans le sens de la tangente et de la normale au point de choc; par W la vitesse résultante de U et de V, et par φ l'angle que W fait avec la tangente. Désignons par p', q', r', U', V', S', les élémens du mouvement après le choc rapportés toujours à la direction de la tangente au point de choc pour axe des y, nous aurons, en désignant toujours par M la masse de la bille

$$\tfrac{2}{5} \, R^2 p' = \tfrac{2}{5} \, R^2 p \, ,$$

$$\tfrac{2}{5} \, R^2 q' = \tfrac{2}{5} \, R^2 q + R \, \frac{Q}{M} \, \sin. \, \alpha \, ,$$

$$\tfrac{2}{5} \, R^2 r' = \tfrac{2}{5} \, R^2 r - R \, \frac{Q}{M} \, \cos. \, \alpha \, ,$$

$$V' = W \cos. \, \varphi - \frac{Q}{M} \, \cos. \, \alpha \, ,$$

$$S' = - \frac{Q}{M} \, \sin. \, a.$$

Pour que la vitesse tangentielle au point de choc soit nulle, il faut qu'on ait

$$V' + R r' = 0 \, ,$$
$$S' - R q' = 0 \, ,$$

ce qui donnera

$$\frac{Q}{M} \, \cos. \, \alpha = \tfrac{2}{7} \, (W \cos. \, \varphi + R r) \, ,$$

et

$$\frac{Q}{M} \, \sin. \, \alpha = - \tfrac{2}{7} \, R q \, ;$$

Rq étant rapporté ici à la tangente au point de choc pour axe des y. Or, les deux membres de ces deux équations sont des vitesses qui sont précisément les numérateurs des expressions qui nous ont servi à construire cos. α et sin. α: leur résultante $\frac{Q}{M}$ est donc représentée par les $\frac{2}{7}$ de la distance CK dans toutes les figures qui se rapportent aux effets du frottement, soit avec la bande soit entre les billes.

Mais puisque cette résultante $\dfrac{Q}{M}$ suffit pour retenir le point de choc et pour l'empêcher de glisser, il n'y aura pas glissement toutes les fois qu'on aura pour le choc contre la bande

$$f_i \, (\mathsf{1} + \varepsilon) \, W \, \sin. \, \varphi > \frac{Q}{m},$$

c'est-à-dire

$$f_i \, (\mathsf{1} + \varepsilon) \, W \, \sin. \, \varphi > \tfrac{2}{7} \, V \overline{(W \cos. \varphi + Rr)^2 + R^2 q^2}.$$

En se reportant aux figures de 24 à 30, la condition ci-dessus devient

$$BB'' > \tfrac{2}{7} \, CK.$$

Ainsi, à partir du point où cette inégalité est satisfaite, au lieu de prendre la distance BB″ égale à

$$f_i \, (\mathsf{1} + \varepsilon) \, W \, \sin. \, \varphi,$$

on prendra

$$BB'' = \tfrac{2}{7} \, CK.$$

Ceci s'applique au choc entre les billes comme au choc contre la bande; ce sera la longueur BG = BB″, dans les figures de 22 à 23 qui devra être prise égale à $\frac{2}{7}$ CK toutes les fois qu'on aura

$$\tfrac{2}{7} \, CK < BG \text{ ou } BB''.$$

CHAPITRE VIII.

De l'effet du coup de queue incliné.

LORSQUE l'on donne à la queue une inclinaison par rapport au tapis, il se produit un double choc, l'un entre la queue et la bille, l'autre entre la bille et le tapis. Il faut avoir égard à ces deux chocs simultanés si l'on veut déterminer le mouvement de la bille.

Nous nous reporterons ici à ce que nous avons dit au commencement du deuxième chapitre sur la direction de la quantité de mouvement due au choc de la queue, et nous la prendrons par conséquent dans la direction même du choc, c'est-à-dire de l'axe longitudinal de la queue.

Nous appellerons *ligne du choc* la ligne menée par le point où la queue frappe la bille dans la direction de l'axe de la queue, et *plan vertical du choc* le plan vertical mené par cette ligne du choc.

Nous poserons les notations suivantes :

Q, quantité de mouvement due au choc de la queue dans la direction de l'axe de cette queue. En représentant par W, la vitesse que prendrait le centre de la bille sous le même coup de queue donné au même point si le choc contre le tapis ne modifiait pas cette vitesse; on aura $Q = MW_{,}$

μ, angle que fait la direction du choc avec le plan du tapis.

h, distance horizontale entre le centre de la bille et le plan vertical du choc : cette quantité étant positive quand ce plan sera à droite du centre, et négative dans le cas où il sera à gauche.

k, la distance entre la ligne du choc et l'horizontale menée par le centre perpendiculairement au plan vertical du choc : k étant positif quand la ligne du choc tombe en dessus de cette horizontale, et négatif quand elle tombe en dessous.

F, la quantité de mouvement due au frottement entre la bille et le tapis pendant le choc.

U, V, p, q, r, les élémens ordinaires du mouvement de translation et de rotation de la bille après le choc.

La vitesse au point d'appui a pour composante suivant les axes,

$$U_1 + Rq_1, \text{ et } V_1 - Rp_1.$$

Cette vitesse, que nous désignons par Θ_1, aura pour valeur

$$\Theta_1 = \sqrt{(U_1 + Rq_1)^2 + (V_1 - Rp_1)^2}.$$

Les momens de la quantité de mouvement Q autour des trois axes seront :

Autour de l'axe des x Qk,

Autour de l'axe des y $- Qh \sin \mu$,

Autour de l'axe des z $- Qh \cos \mu$,

en prenant toujours comme positifs les momens des forces ou quantités de mouvement qui font tourner de gauche à droite autour des axes du côté des coordonnées positives.

Les momens du frottement F au point d'appui seront :

Autour de l'axe des x $\qquad + FR \left(\dfrac{V_, - Rp_,}{\Theta_,} \right),$

Autour de l'axe des y $\qquad - FR \left(\dfrac{U_, + Rq_,}{\Theta_,} \right),$

Autour de l'axe des z $\qquad$ o.

En employant ici le principe sur l'équivalence entre les quantités de mouvement dues aux forces motrices et aux vitesses qu'elles produisent, nous aurons

$$MU_, = - \frac{U_, + Rq_,}{\Theta} F,$$

$$MV_, = Q \cos. \mu - \frac{(V_, - Rp_,)}{\Theta} F,$$

$$(A) \qquad \tfrac{2}{5} MR^2 p_, = Q k + FR \frac{(V_, - Rp_,)}{\Theta},$$

$$\tfrac{2}{5} MR^2 q_, = - Q h \sin. \mu - FR \frac{(U_, + Rq_,)}{\Theta},$$

$$\tfrac{2}{5} MR^2 r_, = \quad Q h \cos. \mu.$$

On n'écrit pas ici l'équation qui se rapporte à la vitesse verticale de bas en haut que pourrait prendre la bille par l'élasticité du tapis. Cette élasticité est assez faible pour qu'on puisse négliger la vitesse qu'elle donnerait pour les coups de queue ordinaires lorsque l'angle n'est pas très-grand ni le coup très-fort. Mais au reste, si la bille ressaute, les vitesses U, V, p, q, r, se rapporteront à l'instant où elle retombe sur le plan aussi bien qu'à l'instant où elle le quitte, puisque dans l'intervalle ces quantités n'auraient pas changé. Il n'y aurait d'autre effet de l'élasticité que l'augmentation du frottement pendant le choc, puisqu'il est en rapport avec la quantité de mouvement perdue par le choc vertical. Mais comme on va voir que l'inten-

sité du frottement n'a pas d'influence dans les principaux résultats que nous allons donner, il s'ensuit
qu'il en est de même de l'élasticité du tapis qui rendrait
une certaine quantité de mouvement vertical à la
bille. Ainsi le seul effet de cette élasticité, si elle fait
ressauter la bille, serait de changer un peu les coordonnés de départ qui ne devraient se compter que du
point où elle est quand elle retombe, et de modifier ce
qui dépend spécialement de l'intensité du frottement
pendant le choc. L'expérience montre que ce ressaut
n'est pas sensible dans les coups de queue d'une intensité ordinaire, quand on ne tient pas la queue très-
inclinée : ainsi nous en ferons d'abord abstraction
pour traiter les effets des coups de queue ordinaires.

Quoique les équations (A) ci-dessus paraissent du
second degré à cause du radical Θ, cependant les valeurs
de U, V, p, q, deviennent très-simples : les calculs
montrent qu'elles s'obtiennent en substituant dans
les fractions $\dfrac{U_, + Rq_,}{\Theta}$ et $\dfrac{V_, - Rp_,}{\Theta_,}$ pour U, V, p, et q, , ce
que seraient ces quantités s'il n'y avait pas de frotte-
ment sur le tapis; c'est-à-dire en y substituant

$$U_, = o, \; V_, = \frac{Q}{M} \cos. \nu.$$

$$R p_, = \tfrac{5}{2} \frac{Q}{M} \frac{k}{R}, \; Rq_, = -\tfrac{5}{2} \frac{Q}{M} \frac{h \sin. \mu}{R}, \; Rr_, = -\tfrac{5}{2} \frac{Q}{M} \frac{M \, h \cos. \mu}{R}.$$

On arrive à ce résultat en tirant d'abord les cinq inconnues ci-dessus en fonctions de $\Theta_,$, et substituant
dans l'équation

$$\Theta_,^2 = (U_, + Rq_,)^2 + (V_, - Rp_,)^2,$$

laquelle donne la valeur de $\Theta_,$:

Si l'on pose pour abréger

$$\rho = \sqrt{h^2 + \frac{(\frac{2}{5} R \cos. \mu - k)^2}{\sin. \mu}},$$

on obtient les valeurs suivantes des inconnus,

$$U_{,} = + \frac{F}{M} \frac{h}{\rho},$$

$$V_{,} = \frac{Q}{M} \cos. \mu - \frac{F}{M} \frac{(\frac{2}{5} R \cos. \mu - k)}{\rho \sin. \mu},$$

(B) $$R p_{,} = \frac{5}{2} \frac{Q}{M} \frac{K}{R} + \frac{5}{2} \frac{F}{M} \frac{(\frac{2}{5} R \cos. \mu - k)}{\rho \sin. \mu},$$

$$R q_{,} = - \frac{5}{2} \frac{Q}{M} \frac{h \sin. \mu}{R} - \frac{5}{2} \frac{F}{M} \frac{h}{\rho},$$

$$R r_{,} = - \frac{5}{2} \frac{Q}{M} \frac{h \cos. \mu}{R}.$$

Au reste, on n'aurait pas besoin de cette résolution pour prévoir ces valeurs. Il aurait suffi de remarquer que le frottement ne se développe que par l'effet du mouvement déjà commencé ; il doit prendre d'abord la direction qui résulte des valeurs que prennent les rapports $\frac{U + Rq}{\Theta}$, et $\frac{V - Rp}{\Theta}$ en donnant à U V p q les valeurs qu'auraient ces quantités sans l'influence du frottement : et comme il est facile d'établir qu'il ne change pas de direction pendant la durée du choc, il s'ensuit que la quantité du mouvement totale qu'il produit, décomposée dans le sens des axes sur le tapis, donne bien les valeurs

$$F \frac{(U + Rq)}{\Theta} \text{ et } F \frac{(V - Rp)}{\Theta},$$

ou bien

$$- F \frac{h \sin. \mu}{\rho \sin. \mu} \text{ et } F \frac{(\frac{2}{5} R \cos. \mu - K)}{\rho \sin. \mu}.$$

Voici comment on peut démontrer qu'en effet le frottement ne peut changer de direction pendant la durée du choc.

Désignons par π la force produite par la queue, et par φ celle qui se produit pas le frottement contre le tapis ; nous aurons par le principe général de dynamique,

$$M \frac{dU}{dt} = - \varphi \frac{(U + Rq)}{\Theta} ,$$

$$M \frac{dV}{dt} = - \varphi \frac{(V - Rp)}{\Theta} + \pi \cos. \mu ,$$

$$\tfrac{2}{5} MR^2 \frac{dp}{dt} = \pi k + R \varphi \frac{(V - Rp)}{\Theta} ,$$

$$\tfrac{2}{5} MR^2 \frac{dq}{dt} = - \pi h \sin. \mu - R \varphi \frac{(U + Rq)}{\Theta} ,$$

$$\tfrac{2}{5} MR^2 \frac{dr}{dt} = - \pi h \cos. \mu .$$

Les quantités k, h et μ ne changeant pas sensiblement pendant la durée du choc, on pourra intégrer en les regardant comme contantes. Si l'on prend donc les intégrales à partir du commencement du choc, c'est-à-dire à partir de l'instant où toutes les vitesses sont nulles, et jusqu'à la fin du choc, lorsqu'on a $U = U_,$, $V = V_,$, $p = p_,$, $q = q_,$, $r = r_,$; on aura

$$MU_, = - \int \varphi \frac{(U + Rq)}{\Theta} dt ,$$

$$MV_, = - \int \varphi \frac{(U - Rp)}{\Theta} dt ,$$

$$\tfrac{2}{5} MR^2 p_, = k \int \pi \, dt + R \int \varphi \frac{(V - Rp)}{\Theta} dt ,$$

$$\tfrac{2}{5} MR^2 q_, = - h \sin. \mu \int \pi \, dt - R \int \varphi \frac{(U + Rq)}{\Theta} dt ,$$

$$\tfrac{2}{5} MR^2 r_, = - h \cos. \mu \int \pi \, dt .$$

Pour que ces équations apprennent quelque chose, c'est-à-dire qu'elles donnent celles qu'on emploie or-

dinairement comme application du principe de d'Alembert; ou, en d'autres termes, pour démontrer que ce
principe a lieu en calculant la direction du frottement comme étant celle de la vitesse de glissement
au point d'appui à la fin du choc, il faut montrer
qu'on peut remplacer les intégrales

$$\int \varphi \, \frac{(U + Rq)}{\Theta} \, dt \,,$$

$$\int \varphi \, \frac{(V - Rp)}{\Theta} \, dt \,,$$

par les quantités

$$\frac{U_{,} + Rq_{,}}{\Theta} \int \varphi \, dt \,,$$

$$\frac{V_{,} - Rp_{,}}{\Theta} \int \varphi \, dt \,;$$

c'est-à-dire que les rapports $\frac{U + Rq}{\Theta}$ et $\frac{V - Rp}{\Theta}$, restent
constans pendant la durée du choc : si cela n'était
pas, on ne connaîtrait nullement le rapport qu'il y
a entre les intégrales ci-dessus, et par suite le principe de d'Alembert n'apprendrait rien pour la solution de la question.

Or, par la forme des équations différentielles ci-
dessus, on reconnaît qu'elles admettent comme intégrale la relation

$$U + Rq = A \, (V - Rp),$$

A étant une constante qui doit être déterminée con-
venablement.

En effet, cette équation satisfait aux conditions
initiales, $U = o$, $V = o$, $p = o$, $q = o$: de plus, en la
différentiant, on a

$$d U + R dq = A \, (d V - R dp).$$

En substituant ici les valeurs de dU, dV, Rdp, Rdq tirées des équations ci-dessus, on a

$$-\tfrac{2}{5}\frac{\varphi\,(\text{U+R}q)}{\text{M}\quad\Theta}-\tfrac{5}{2}\frac{\pi\;h\sin.\mu}{\text{M}\quad\text{R}}=\text{A}\left(-\tfrac{2}{5}\frac{\varphi(\text{V}-\text{R}p)}{\Theta}+\frac{\pi}{\text{M}}\cos.\mu-\tfrac{5}{2}\frac{\pi\,k}{\text{MR}}\right),$$

Or, en prenant

$$\text{A}=\frac{-\;h\;\sin.\;\mu}{\tfrac{2}{5}\,\text{R}\cos.\,\mu-k}.$$

Cette équation se réduit à

$$\text{U}+\text{R}q=\text{A}\,(\text{V}-\text{R}p).$$

C'est la relation même d'où l'on est parti; ainsi elle est une intégrale des équations différentielles du problème. Cette intégrale est bien dans la solution dynamique de la question. Car on prouverait facilement qu'il n'y a pas deux solutions analytiques à partir des initiales U $=o$ V$=o$ $p=o$ $q=o$ $r=o$, parce qu'il n'y a pas de solution singulière pour ces initiales.

Ayant établi que le rapport $\dfrac{\text{U}+\text{R}\,q}{\text{V}-\text{R}p}$ est constant pendant la durée du choc, il en est de même des rapports

$$\frac{\text{U}+\text{R}q}{\Theta}\;\text{ et }\;\frac{\text{V}-\text{R}p}{\Theta},$$

puisque l'on a

$$\Theta=\sqrt{(\text{U}+\text{R}q)^2+(\text{V}-\text{R}p)^2}.$$

Ainsi on peut mettre dans ces rapports, soit les premières, soit les dernières vitesses qui ont lieu pendant le choc et les faire sortir des intégrales ; on aura ainsi

$$M U_t = - \frac{U_t + R q_t}{\Theta_t} \int \varphi \, dt,$$

$$M V_t = \cos. \, \mu \int \pi \, dt - \frac{(V_t - R p_t)}{\Theta} \int \varphi \, dt,$$

$$\tfrac{2}{5} M R p_t = K \int \pi \, dt + R \frac{(V_t - R p_t)}{\Theta} \int \varphi \, dt,$$

$$\tfrac{2}{5} M R q_t = - h \sin. \, \mu \int \pi \, dt - R \frac{(U_t + R q_t)}{\Theta'} \int \varphi \, dt,$$

$$\tfrac{2}{5} M R r_t = \quad h \cos. \, \mu \int \pi \, dt.$$

On voit donc que les équations ordinaires fournies par le principe de d'Alembert se trouvent justifiées. Les quantités $\int \varphi \, dt$, $\int \pi \, dt$ sont ce qu'on appelle les quantités de mouvement dues au choc de la queue et au frottement.

Les rapports $\dfrac{U + R}{\Theta}$ et $\dfrac{V - R p}{\Theta}$ restant constans pendant le choc et ayant les valeurs qui résultent de

$$\frac{U + R q}{V - R p} = \frac{- h \sin. \, \mu}{\tfrac{2}{5} R \cos. \, \mu - K},$$

il s'en suit qu'au lieu de remplacer U V p q dans les rapports $\dfrac{U + R q}{\Theta}$ $\dfrac{V - R p}{\Theta}$ par U, V, p, q, on peut mettre les valeurs constantes et connues de ces rapports telles qu'on les déduit de l'équation ci-dessus, ce qui fournit précisément les équations (B) trouvées par la résolution des équations (A).

Nous simplifierons un peu ces équations (B) en posant $\int \pi \, dt$ ou bien $Q = MW_t$, c'est-à-dire en appelant W_t la vitesse que prendrait le centre de la bille par l'effet du même coup de queue si le tapis ne modifiait pas cette vitesse. Nous désignons par f_t le coefficient par lequel il faut multiplier la quantité de mouvement normale au tapis pour obtenir celle qui est due au frottement, ce qui reviendra à poser $\int \varphi \, dt$ ou $F = f_{,} MW_{,} \sin. \mu$. Nous aurons ainsi pour les valeurs (B),

$$U_{,} = f_{,} W_{,} \sin. \mu \, \frac{h}{\rho},$$

$$V_{,} = W_{,} \cos. \mu - f_{,} W_{,} \frac{(\frac{2}{7} R \cos. \mu - K)}{\rho},$$

(C) $\quad \frac{2}{5} R p_{,} = W_{,} \frac{k}{R} + f_{,} W_{,} \frac{(\frac{2}{7} R \cos. \mu - K)}{\rho},$

$$\frac{2}{5} R q_{,} = - W_{,} \sin. \mu \, \frac{h}{R} - f_{,} W_{,} \sin. \mu \, \frac{h}{\rho},$$

$$\frac{2}{5} R r_{,} = - W_{,} \cos. \mu \, \frac{h}{R}.$$

Si le coup était assez incliné et le tapis assez élastique pour que la bille ressautât un peu après le coup, il faudrait considérer la vitesse verticale rendue après ce choc ; en la désignant par S, et représentant par ε la fraction de la vitesse normale au tapis qui est rendue après le choc ; on aura

$$S = \varepsilon \, W_{,} \sin. \mu$$

Le coefficient $f_{,}$ devra alors être changé en $f_{,} (1 + \varepsilon)$.

De plus, on doit remarquer que les élémens $U V p q r$, qui ont lieu immédiatement après le choc au moment où la bille ressaute et quitte le tapis, n'éprouveront aucun changement tant qu'elle sera en l'air, et qu'au point où elle retombera elle possédera ces mêmes élémens de mouvement. Il suffira donc de les appliquer au point où elle retombera, en ayant égard au nouveau choc qui se produit, pour connaître de même la marche de la bille à partir de ce point. Il n'y aura d'autre modification dans les constructions qu'on indiquera plus loin pour avoir la marche à l'aide de ces élémens, qu'à les faire partir du point du tapis où la bille retombe. Ce point sera sur la résultante de U_i et V_i, direction dont nous donnerons plus loin la construction.

Lorsqu'on veut seulement obtenir les vitesses finales désignées par U, V, p, q, r, dans le premier chapitre, et examiner quelle direction suit la bille dans la marche finale, on n'a pas besoin de connaître les valeurs des termes qui dépendent du frottement. En effet, on a trouvé

$$U_2 = \tfrac{2}{7}(\tfrac{5}{2} U_i - Rq_i),$$
$$Y_2 = \tfrac{2}{7}(\tfrac{5}{2} V_i + Rp_i).$$

Or, en mettant ici les U_i et V_i tels que les fournissent les premiers membres des équations (A), on voit que tous les termes dépendant du frottement disparaissent, et l'on trouve ainsi

$$U_2 = \tfrac{5}{7} \frac{Q}{M} \frac{h \sin. \mu}{R},$$

$$V_2 = \tfrac{5}{7} \frac{Q}{M} \frac{R \cos. \mu + k}{R}.$$

Ces valeurs subsisteront quand même la bille ressauterait par l'élasticité du tapis, car cela ne changera en rien les formes des valeurs des vitesses initiales U_i, V_i, Rp_i, Rq_i, Rr_i : il n'en résulterait qu'une augmentation dans le frottement ; mais comme il disparaît dans U_2 et V_2, ces quantités n'en sont nullement modifiées.

La quantité $R \cos. \mu + k$ n'est autre chose que la perpendiculaire abaissée du point d'appui de la bille sur le plan passant par la ligne du choc, et par l'horizontale perpendiculaire à sa direction ; ou bien encore c'est la distance entre cette ligne du choc et l'horizontale tracée par le point d'appui perpendiculairement à sa direction. Si nous désignons par l, comme nous l'avons déjà fait, la hauteur où la ligne du choc vient percer le plan vertical des xz, c'est-à-dire celui qui est mené par le centre de la bille perpendiculairement au plan vertical du choc; on aura évidemment

$$\text{R cos. } \mu + k = l \text{ cos. } \mu.$$

Les expressions ci-dessus pourront donc s'écrire ainsi qu'il suit :

$$U_2 = \tfrac{5}{7} \frac{h \sin. \mu}{R} W_1,$$

$$V_2 = \tfrac{5}{7} \frac{l \cos. \mu}{R} W_1.$$

Ces valeurs renferment plusieurs conséquences remarquables sur les effets du coup de queue.

Pour que la bille marche en ligne droite et ne dévie pas, il faut que l'on ait $V_2 = o$, ce qui exige qu'on ait ou $\mu = o$, ou $h = o$. Ainsi,

La bille n'ira en ligne droite, dans la direction de la queue, qu'autant que cette direction sera horizontale; ou bien, si elle ne l'est pas, qu'autant que le plan vertical du choc passera par le centre de la bille.

La bille ira toujours en ligne courbe toutes les fois que la queue ne sera pas horizontale, et que le plan vertical du choc ne passera pas par son centre.

Le signe de U_2 indique de quel côté la bille marchera dans son état final par rapport au plan vertical mené par son centre dans la direction du coup de queue. Or, ce signe de U_2 étant le même que celui de h, il s'ensuit que, *toutes les fois qu'on tient la queue inclinée et que le plan vertical du choc ne passe pas par le centre de la bille, celle-ci décrit une ligne courbe*

*qui se sépare de la direction du choc, en se portant du
côté où est situé le point du choc*, ou en termes plus
abrégés, *que la bille se dévie de la direction du choc
en se portant du côté où elle a été farppée.*

La tangente de l'angle ψ de la déviation finale de
la bille est égale au rapport des vitesses finales $\dfrac{U_{,}}{V_{,}}$,
ainsi on aura

$$\text{tang. } \psi = \frac{h \text{ tang. } \mu}{l}.$$

On peut voir ce que représente cette expression en
considérant le point R, (*fig.* 34), où la ligne du choc
va percer le tapis. Dans cette figure, la partie supérieure est une projection sur le plan vertical du choc,
et la partie inférieure une projection sur le tapis. Les
cercles représentent la bille dans une proportion
agrandie par rapport à la longueur que nous indiquerons plus loin comme représentant la vitesse $W_{,}$.

La distance hR du point R à celui où le plan vertical
du choc PR coupe la perpendiculaire Ah à sa direction
tracée sur le tapis par le point d'appui A, a pour valeur

$$h\text{R} = \frac{l}{\text{tang. } \mu}.$$

De plus la distance Ah sur la figure 34, est la quantité
h, ainsi on a

$$\frac{h\,\text{R}}{\text{A}\,h} = \frac{h \text{ tang. } \mu}{l} = \text{tang. } \psi.$$

Ainsi, l'angle ψ de la déviation finale est précisément
celui que fait AR avec la direction AB. La ligne AR
est donc parallèle à la marche finale de la bille.

On arrive donc à cette conséquence fort simple :
que la direction finale du mouvement de la bille est

parallèle à la ligne qui va de son point d'appui au point où la ligne du choc perce le tapis.

En vertu de ce théorème, *la bille finirait par reculer, c'est-à-dire par revenir en sens contraire de la direction primitive de la vitesse de départ si la ligne du choc perçait le tapis en deçà du point d'appui.* Dans ce dernier cas, ainsi que nous le ferons voir plus loin, il n'est pas possible ordinairement que la conclusion ci-dessus soit applicable, parce qu'elle suppose que la queue ne touche plus la bille après le choc, circonstance qui n'aura pas lieu si le coup est très-incliné et ne frappe pas un peu bas assez près de l'équateur horizontal, ou si le joueur ne met pas une grande adresse à retirer la queue après le coup. C'est ce que nous développerons un peu plus loin.

Pour avoir la position de la ligne que suit la bille dans son état final, il faut connaître l'amplitude de la courbe décrite; c'est ce que nous allons chercher maintenant.

Mais ici, ce que nous trouverons dépendra, bien entendu, des coefficiens du frottement f, et f, soit pendant le choc, soit après le choc.

Il faut remarquer que s'il y a élasticité, la quantité de mouvement verticale ou l'intégrale des pressions sur le tapis sera plus grande que MW, sin. μ; elle serait $2 MW$, sin. pour une élasticité parfaite (1). Dans ce cas, on aurait $2 f MW$, sin. μ pour la quantité de mouve-

(1) Il est bien entendu que par élasticité du tapis, on entend seulement la propriété de rendre une vitesse verticale sans que cette propriété tienne uniquement à l'élasticité moléculaire de la matière du billard.

ment due au frottement; mais dans la réalité, à cause
du peu d'élasticité du plan du billard, il ne faudrait
prendre que f_i MW$_i$ sin. μ, f_i étant peu différent de
0,20, valeur que nous avons trouvée pour le choc
contre la bande.

Reprenons les valeurs (B) précédemment trouvées
pour les élémens U$_i$ V$_i$ Rp_i Rq_i Rr_i en supprimant
maintenant comme inutiles les indices en bas de ces
élémens; nous aurons

$$U = f_i W_i \sin.\mu \frac{h}{\rho},$$

$$V = W_i \cos. \mu - f_i W_i \sin. \mu \frac{\frac{2}{5} R \cos. \mu - k}{\rho \sin. \mu},$$

$$(A) \quad \tfrac{2}{5} R p = W_i \frac{k}{R} + f_i W_i \sin. \mu \frac{\frac{2}{5} R \cos. \mu - k}{\rho \sin. \mu},$$

$$\tfrac{2}{5} R q = - W_i \frac{h \sin. \mu}{R} + f_i W_i \sin. \mu \frac{h}{\rho},$$

$$\tfrac{2}{5} R r = - W_i \frac{h \cos. \mu}{R}.$$

La distance ρ est donnée par

$$\rho = \sqrt{h^2 + \left[\frac{k - \frac{2}{5} R \cos. \mu}{\sin. \mu} \right]^2}.$$

Il est facile de voir, (*fig.* 34), que N étant le centre de percussion supérieur de la bille, c'est-à-dire
le point situé au-dessus du centre O à une hauteur
égale à $\frac{2}{5}$ R, si l'on mène un plan horizontal par N jusqu'à
sa rencontre en P′ avec la ligne du choc, la distance
P′N en projection verticale, qui dans ce plan va du centre de percussion N à ce point P′, et qui est égale à
sa projection AP sur le tapis, sera précisément la
valeur de la quantité ρ ci-dessus; ainsi on a

$$\rho = AP.$$

De plus, si l'on désigne par γ l'angle que fait la direction de cette ligne ρ ou AP avec la direction AB du plan vertical du choc, en la prenant de A vers B; on aura

$$\cos. \gamma = \frac{k - \frac{2}{7} \text{R} \cos. \mu}{\rho \sin. \mu},$$

$$\sin. \gamma = \frac{h}{\rho}.$$

En introduisant ainsi ρ et l'angle γ dans les formules ci-dessus, et posant pour abréger

$$\delta = f_{\prime} \, \text{W}_{\prime} \sin. \mu,$$

on aura

$$\text{U} = \delta \sin. \gamma,$$

$$\text{V} = \text{W}_{\prime} \cos. \mu + \delta \cos. \gamma,$$

$$\tfrac{2}{7} \, \text{R} p = \text{W}_{\prime} \frac{k}{\text{R}} - \delta \cos. \gamma,$$

$$\tfrac{2}{7} \, \text{R} q = - \text{W}_{\prime} \frac{h \sin. \mu}{\text{R}} + \delta \sin. \gamma,$$

$$\tfrac{2}{7} \, \text{R} r = - \text{W}_{\prime} \frac{h}{\text{R}} \cos. \mu.$$

Pour connaître la courbe décrite par la bille, il faudra trouver d'abord la vitesse initiale AB' qui est la première tangente à cette courbe, c'est-à-dire la résultante de U et de V. Pour cela on portera de B en B' dans la direction BB' qui fait l'angle γ avec AB, c'est-à-dire dans la direction de AP, une longueur BB' $= \delta =$ $f_{\prime} \text{W}_{\prime} \sin. \mu$. On aura cette longueur $f_{\prime} \text{W}_{\prime} \sin. \mu$ en projetant sur la verticale la longueur $f_{\prime} \text{W}_{\prime} = f_{\prime} \text{DB} = \text{BS}$, ce qui donnera $f_{\prime} \text{W}_{\prime} \sin. \mu = \text{BG}$; on reportera cette projection BG de B en B', et joignant A et B', on aura la vitesse initiale AB' après le coup de queue.

Connaissant déjà, par ce qui a été donné ci-dessus, la direction AR de la vitesse finale, il suffira pour construire la courbe décrite par la bille, de trouver la grandeur AE de cette vitesse finale, et de se reporter ensuite à la construction de la figure 1, où l'on peut tout conclure des vitesses AB et AE.

La direction EB′ est celle de la vitesse du point d'appui, c'est la direction FB de la figure 1; elle est donnée par les rapports des composantes de cette vitesse. Ces composantes sont,

$$\mathrm{U} + \mathrm{R}q, \quad \mathrm{V} - \mathrm{R}p.$$

Elles deviennent par les valeurs ci-dessus,

$$\tfrac{2}{7}\,\delta\,\sin.\,\gamma - \tfrac{5}{7}\,\mathrm{W},\ \frac{h\,\sin.\,\mu}{\mathrm{R}},$$

et

$$\tfrac{2}{7}\,\delta\,\cos.\,\gamma + \tfrac{5}{7}\,\mathrm{W},\ \frac{(\tfrac{2}{7}\,\mathrm{R}\,\cos.\,\mu - k)}{\mathrm{R}}.$$

En vertu des valeurs de sin. γ et cos. γ, savoir:

$$\rho\,\sin.\,\gamma = h,$$
$$\rho\,\cos.\,\gamma = \frac{k - \tfrac{2}{7}\,\mathrm{R}\,\cos.\,\mu}{\sin.\,\mu}.$$

Ces composantes se réduisent à

$$\text{(D)}\qquad
\begin{aligned}
&\sin.\,\gamma\left(\tfrac{2}{7}\,\delta - \tfrac{5}{7}\,\mathrm{W},\,\sin.\,\mu\,\tfrac{\rho}{\mathrm{R}}\right),\\
&\cos.\,\gamma\left(\tfrac{2}{7}\,\delta - \tfrac{5}{7}\,\mathrm{W},\,\sin.\,\mu\,\tfrac{\rho}{\mathrm{R}}\right).
\end{aligned}$$

A cause du facteur commun, on voit ici que la direction de la vitesse EB′ au point d'appui après le choc est encore celle qui répond à l'angle γ; c'est donc celle de PA ou de B′B. Ainsi, il n'y aura qu'à mener BE par le point B parallèlement à AP, et l'intersection E avec AR prolongé donnera la longueur AE pour la vitesse finale. On achèvera ensuite la construction comme dans la figure 1; c'est-à-dire qu'on prendra le point M au milieu de B′E, puis on tirera AM qui contiendra le point extrême L de la courbe. Pour avoir ce point, on prendra la distance AL de manière qu'elle soit à AM dans le rapport de B'E à fg, ou de B'M à $\frac{1}{2} fg$.

On voit d'après cette construction que le frottement du tapis pendant le choc commence par porter l'élément AB en AB', absolument comme cela serait arrivé pour une certaine partie de la courbe décrite par la bille, si celle-ci fût partie après le coup de queue sans l'influence du frottement pendant le choc, et se fût mue sur le tapis avec l'influence du frottement pendant la marche en ligne courbe. L'influence du frottement pendant le choc ne fait donc que supprimer une première partie de cette courbe en laissant subsister la dernière partie et la marche finale, comme si cette influence n'avait pas eu lieu.

On remarquera que, dans le cas où la bille ressaute, il suffira de faire toutes les mêmes constructions à partir d'un nouveau point A, qui sera celui où la bille retombe sur le tapis. Ce point sera éloigné du premier point d'appui A à l'instant où le coup de queue a été donné d'une distance λ donnée par

$$\lambda = \frac{\varepsilon \, W_i \sin. \, \mu \, \sqrt{\overline{U^2 + V^2}}}{g},$$

ou bien

$$\lambda = \frac{\varepsilon \, W_i}{g} \sin. \, \mu \, \sqrt{(W_i \cos. \, \varphi - \delta \cos. \, \nu)^2 + \delta^2 \sin.^2 \nu}.$$

Dans ces nouvelles constructions, on devra remplacer le coefficient f_i par $f_i (1 + 2\varepsilon)$. En effet, le premier choc de la queue produit alors une quantité de mouvement verticale $(1 + \varepsilon) W_i \sin. \, \mu$, et le choc sur le tapis à l'instant où la bille retombe, une autre quantité de mouvement verticale $\varepsilon \, W_i \sin \mu$.

La proposition établie précédemment; savoir, que la marche finale de la bille après le coup de queue incliné ne dépend pas de l'intensité du frottement, ou, en d'autres, termes, de l'intensité de la quantité de mouvement verticale W. sin. μ avec laquelle la bille choque le tapis, peut s'étendre sans difficulté à ce qui arrive après le choc contre la bande. On est conduit ainsi à reconnaître que dans le cas du choc de la bille contre la bande, en faisant abstraction de la quantité de mouvement verticale due au frottement pendant le choc, nous n'avons commis aucune erreur sur la direction de la marche finale de la bille. Quant à la courbe décrite par la bille, elle reçoit une légère influence de cette quantité de mouvement verticale. Ainsi, dans le cas où la rotation est directe et où u est positif et sin. α négatif, il y a un petit ressaut de la bille. Alors il faut déplacer un peu l'origine A de la courbe dans la direction de A vers B', et d'une distance λ déterminée par

$$\lambda = \frac{\varepsilon\, W^2 \sin. \varphi \sin. \alpha \sqrt{\varepsilon^2 \sin.^2 v + (\cos. v - f_{\prime} \sin. v \cos. \alpha)^2}}{g};$$

En conservant ici aux angles α et φ la signification que nous leur avons donné au chapitre VI. On devra opérer en même temps sur les élémens AB' et AH' un petit changement qui les rapproche de leurs valeurs finales, pour tenir compte ainsi du choc contre le tapis au moment où la bille retombe, et cela par la construction de la figure 34. Seulement, la vitesse perdue par le frottement, qui est représentée par la distance BB', devra être prise égale

$$f_{\prime}\, W \sin. \varphi \sin. \alpha,$$

quantité très-facile à construire sur la figure.

Dans le cas où la rotation est rétrograde, et où u est négatif et sin α positif ; alors, sans déplacer l'origine A, on doit faire de suite un petit changement sur AB′ et AH′ pour les rapprocher de leurs valeurs finales ; en employant toujours la construction de la figure 34 pour tenir compte du petit choc vertical que produit contre le tapis le frottement de la bille contre la bande. Cela se fera en remplaçant la distance BB′ de cette figure 34 par

$$f, \text{W sin.} \, \varphi \, \text{sin.} \, \alpha .$$

Pour la pratique du jeu, ces modifications peuvent tout-à-fait être négligées, surtout pour les vitesses ordinaires qu'ont les billes au moment du choc contre la bande.

Cependant il y a un coup où l'on ne doit pas négliger cette quantité de mouvement verticale ; c'est lorsque la bille arrive à la blouse du milieu. On voit alors que si la rotation est directe, la bille, étant un peu soulevée par l'effet du choc, ne retombe pas dans la blouse, si la vitesse à l'instant du choc a été un peu forte. Mais, au contraire, si la rotation est rétrograde, la bille n'étant pas appuyée sur le tapis à l'instant où elle est renvoyée par la bande tendra à tomber plus promptement : elle pourra entrer dans la blouse lorsqu'elle possède une vitesse qui la ferait sauter par dessus dans le cas précédent. Ainsi, à vitesse égale, la bille du joueur risque toujours bien plus de se perdre dans la blouse du milieu quand elle y arrive avec une rotation rétrograde.

Il se présente un cas particulier où, pour traiter le coup de queue incliné, il faut modifier les constructions, ainsi que nous avons remarqué qu'on devait le faire dans le choc d'une bille contre la bande.

Ce cas est celui où le frottement du tapis contre la bille pendant le choc est suffisant pour retenir ce point d'appui de la bille, et le forcer à adhérer au tapis sans glisser pendant le choc.

On trouve facilement la quantité de mouvement nécessaire pour retenir le point d'appui en posant les conditions

$$U_i + R q_i = o,$$
$$V_i - R p_i = o;$$

elles expriment que la vitesse absolue B′E au point d'appui est nulle, c'est-à-dire qu'on a BB′ = BE. Ces équations, en vertu de la réduction des quantités ci-dessus aux expressions (D) de la page 162, peuvent se réduire toutes deux à

$$\delta - \tfrac{2}{5} W_i \sin. \mu \frac{R}{\rho} = o.$$

ou bien en vertu de la valeur de δ, à

$$f_i = \tfrac{5}{7} \frac{\rho}{R},$$

Ainsi on voit que si ρ, c'est-à-dire AP (*fig.* 34), est devenu assez petit pour que l'on ait

$$\rho = \tfrac{7}{5} f_i R, \quad \text{ou } \rho < \tfrac{7}{5} f_i R,$$

le frottement f_i changera de valeur et n'agira plus que pour empêcher le glissement. Sa valeur ne sera pas alors supérieure à celle qui résulte de l'équation

$$\rho = \tfrac{7}{5} f_i R.$$

Ainsi dans ce cas on prendra toujours BB′=BE, et la bille sera de suite à son état final après le coup de queue.

Pour que la bille se meuve après le coup de queue avec les vitesses trouvées par les constructions précédentes, soit dans le cas général, soit dans le cas particulier dont nous venons de parler, il faut qu'après le

choc il y ait séparation de la bille et de la queue, afin
que celle-ci ne continue pas de toucher la bille et ne
modifie pas les vitesses déterminées par la supposition que la bille n'a reçu qu'une quantité de mouvement MW, dans la direction de ce coup de queue.

Pour déterminer à *priori* la vitesse W, et pour reconnaître si en effet il y a séparation, nous remarque-
rons que le tapis ayant une certaine compressibilité
due à l'épaisseur du drap, la bille a dû descendre d'une
très-petite quantité avant de recevoir du tapis une
très-grande force qui ne peut se produire que quand
le drap est comprimé par le choc. Or, si le coup de
queue n'est pas très-incliné, la bille aura parcouru
un certain espace avant que la compression du tapis
soit arrivée à son maximum; et pendant le temps
nécessaire pour ce déplacement, quelque petit qu'il
soit, on peut admettre que le choc de la queue est terminé. En un mot, on peut traiter le choc presque si-
multané de la queue, de la bille et du tapis comme
deux chocs successifs.

En traitant donc le choc de la queue et de la bille
comme dans le chapitre deuxième, et appelant toujours W′ la vitesse de la queue avant le choc, W″, sa
vitesse après le choc, W, celle de la bille après le choc
de la queue, M′ la masse de la queue; a la distance de
la ligne du choc au centre de la bille, et θ la fraction
de la force vive totale qui se perd par le choc de ces
deux corps; on aura, ainsi qu'on l'a établi dans le
deuxième chapitre,

$$W_{\text{\tiny,}} = W' \frac{1 + \sqrt{1 - \theta - \dfrac{\theta M'}{M}\left(1 + \dfrac{5}{2}\dfrac{a^2}{R^2}\right)}}{1 + \dfrac{5}{2}\dfrac{a^2}{R^2} + \dfrac{M}{M'}}.$$

$$W'_, = W' \frac{1 + \frac{5}{2}\frac{a^2}{R^2} - \frac{M}{M'}\sqrt{1 - \theta - \frac{\theta M'}{M}\left(1 + \frac{5}{2}\frac{a^2}{R^2}\right)}}{1 + \frac{5}{2}\frac{a^2}{R^2} + \frac{M}{M'}}.$$

L'effet du deuxième choc contre le tapis, dans la supposition la plus générale où il ferait ressauter un peu la bille, sera de changer la vitesse $W_,$ en une vitesse dont les composantes horizontales dans le sens du coup de queue et dans le sens perpendiculaire auront les valeurs données ci-dessus, savoir

$$V = W_, \cos. \mu - f_, W_, \sin. \mu \cos. \gamma,$$
$$U = f_, W_, \sin. \mu \sin. \gamma.$$

La troisième composante verticale que nous désignerons par S sera donnée par

$$S = \varepsilon W_, \sin. \mu.$$

ε désignant la petite portion de vitesse normale rendue par le tapis.

Pour que la queue et la bille se séparent après le choc, il faut qu'en prenant les vitesses de ces deux corps dans le sens de la normale au point de choc, la première vitesse soit plus petite que la deuxième.

En désignant par $NW_,$ et $NW'_,$, les angles que font avec la normale les vitesses $W_,$ de la bille et $W'_,$ de la queue, on devra avoir pour la séparation après le choc,

$$- W_, \cos. (NW) > W'_, \cos. (NW'_,).$$

Si l'on appelle $- \eta$ et ζ les coordonnées du point de choc dans le sens des y et des z, h étant la coordonnée de ce point dans le sens des x; on aura

$$- W_, \cos. (NW) = \frac{\eta V - hU - \zeta S}{R}.$$

En remettant dans cette expression pour U V et S leur valeur, on a

$$-W_{,}\cos.(NW) = W_{,}\left[\frac{n\cos.\mu - \sin.\mu(f_{,}(h\sin.\gamma + n\cos.\gamma) + \varepsilon\zeta)}{R}\right].$$

D'autre part on a

$$-\cos.(NW_{,}') = \frac{\sqrt{R^2 - a^2}}{R} = \frac{n\cos.\mu + \zeta\sin.\mu}{R}.$$

Ainsi, la condition de séparation deviendra

$$\frac{n\cos.\mu - \sin.\mu(f_{,}(h\sin.\gamma + n\cos.\gamma) + \varepsilon\zeta)}{n\cos.\mu + \zeta\sin.\mu} > \frac{W_{,}'}{W_{,}},$$

ou bien en mettant pour $W_{,}'$ et $W_{,}$ leurs valeurs en fonction de la distance a

$$\frac{n\cos.\mu - \sin.\mu(f_{,}(h\sin\gamma + n\cos.\gamma) + \varepsilon\zeta)}{n\cos.\mu + \zeta\sin.\mu} > \frac{1 + \frac{5}{2}\frac{a^2}{R^2} - \frac{M'}{M}\sqrt{1 - \theta - \frac{\theta M'}{M}\left(1 + \frac{5}{2}\frac{a^2}{R^2}\right)}}{1 + \sqrt{1 - \theta - \frac{\theta M'}{M}\left(1 + \frac{5}{2}\frac{a^2}{R^2}\right)}}.$$

Les quantités a n ζ et h étant liées par les relations

$$a^2 = (n\sin.\mu - \zeta\cos.\mu) + h^2,$$

$$n = \cos.\mu\sqrt{R^2 - a^2} - \sin.\mu\sqrt{a^2 - h^2},$$

$$\zeta = \cos.\mu\sqrt{a^2 - h^2} + \sin.\mu\sqrt{R^2 - a^2}.$$

Si dans l'inégalité ci-dessus on divise les deux termes du premier membre par $n\cos.\mu$, on aura

$$\frac{1 - \tan.\left(f_{,}\left(\frac{h}{n}\sin.\gamma + \cos.\gamma\right) + \varepsilon\zeta\right)}{1 + \frac{\zeta}{n}\tan.\mu} > \frac{W_{,}'}{W_{,}}.$$

En laissant ici pour abréger le rapport $\frac{W_{,}'}{W_{,}}$ au lieu de la valeur en fonction de la distance a.

Examinons d'abord le cas où $a = 0$, ce qui donne $h = 0$, $n\sin.\mu = \zeta\cos.\mu$, $\cos.\gamma = 1$ et $\sin.\gamma = 0$;

En vertu de la valeur numérique que prend le deuxième membre de l'inégalité pour $\theta = 0,13$, $\dfrac{M}{M'} = \dfrac{1}{2}$, on aura

$$\frac{1 - \text{tang.}\,\mu\ (f_1 + \varepsilon\,\text{tang.}\,\mu)}{1 + \text{tang.}^2\,\mu} > 0,48 ,$$

ε étant négligeable, et f_1 pouvant être pris égal à 0,20, on tirera de là que

$$\text{tang.}\,\mu < 1,24.$$

Ainsi la bille et la queue se sépareront encore après le choc pour une inclinaison de la queue dépassant le demi-droit.

Si nous considérons le cas où la queue touche la bille au point d'arrière, cas où l'on a $\eta = R$, $\zeta = 0$, et $h = 0$; alors en remarquant qu'on a

$$\cos.\,\mu = \sqrt{1 - \frac{a}{R^2}},$$

l'inégalité ci-dessus devient

$$1 - \text{tang.}\,\mu\,f_1 > \frac{W_1'}{W_1} .$$

Vu la petitesse du terme $f_1\,\text{tang.}\,\mu$, cette condition est à peu près la même que lorsque le choc se fait horizontalement, puisque, dans ce dernier cas, il faut qu'on ait pour la séparation

$$1 > \frac{W_1'}{W_1}.$$

Dans le cas du choc incliné, lorsque la queue frappe ainsi au point d'arrière, l'angle μ est limité par la distance a, puisque celle-ci ne pouvant dépasser 0,60 R, on ne peut avoir au plus que

$$\cos.\,\mu = \sqrt{1 - \frac{a^2}{a'^2}} = 0,80,$$

ce qui répond à un angle μ de 36°.

Si l'on frappe un peu au-dessus du point d'arrière et un peu de côté, alors si *a* n'est pas trop grand, on peut prendre l'angle μ jusque 45°. Mais μ et *a* devenant un peu grands, la condition de séparation n'a plus lieu, et le coup n'est nullement assuré, puisque la bille et la queue ne se séparant plus après le choc, les élémens du mouvement dépendraient du frottement et ne seraient plus assujettis à la construction de la figure 34. Néanmoins, les joueurs exercés trouvent moyen de retirer la queue si rapidement à l'instant du choc, qu'ils font disparaître cette cause d'incertitude dans les effets des coups de queue inclinés et excentriques, et qu'ils opèrent des effets assurés hors des limites indiquées par l'inégalité ci-dessus. Il leur suffit alors de ne pas dépasser pour la distance *a* la limite de 0,70 R, qui est toujours nécessaire pour que la queue ne glisse pas sur la bille au moment même du choc.

ERRATA.

Les rectifications indiquées par des astériques * doivent être faites nécessaire-
ment avant la lecture, les autres s'appercevront d'elles-mêmes.

| Pages. | LIGNES | | AU LIEU DE : | LISEZ : |
	par en haut.	par en bas.		
15	7ᵉ	. . . . .	K″.	
* 15	. . . . .	10ᵉ	ML	MC.
* 15	. . . . .	4ᵉ	G.	C.
18	6ᵉ	. . . . .	égale à moitié . . .	égale à la moitié.
23	. . . . .	8ᵉ	des coups.	du coup.
* 24	. . . . .	10ᵉ et 11ᵉ	la vitesse rendue à la vitesse perdue	l'unité à $1 + 2s$, s étant la fraction de la vitesse verticale qui est rendue à la bille.
* 30	8ᵉ	. . . . .	une longueur égale.	une longueur AC égale.
38	. . . . .	7ᵉ	par mètre.	pour mètre.
38	. . . . .	7ᵉ et 8ᵉ	deviendraient beaucoup plus considérables	deviendrait beaucoup plus considérable.
* 39	. . . . .	12ᵉ	W	ω.
* 43	2ᵉ	. . . . .	ad'	AD′.
* 43	5ᵉ	. . . . .	ad'	AD′.
* 43	. . . . .	13ᵉ	ad	AD′.
54	17ᵉ	. . . . .	$= Kg$	$= Kq$.
		2ᵉ	$K\dfrac{pq}{dt}$.	$K\dfrac{dq}{dt}$.
59	. . . . .	6ᵉ	$\dfrac{dV}{dt}$	$\dfrac{dU}{dt}$.

Pages.	LIGNES		AU LIEU DE :	LISEZ :
	par en haut.	par en bas.		
66	. . . . .	8^e	les coordonnées. . .	ses coordonnées.
69	. . . . .	2^e	x^2.	x_2.
		1re	y.	r_2.
71	. . . . .	8^e	$\left(\frac{2}{7}\,W\,a\right)$, ...	$\left(\frac{2}{7}\,W\,a\right)^2$.
* 72	. . . . .	9^e	une HB.	sur HB.
* 107	17^e	. . . . .	point de choc, cet équateur.	point de choc sur cet équateur.
* 109	. . . . .	5^e	ou $aw =$.	on a, $w =$.
133	. . . . .	4^e	par bille	par la bille.
* 134	13^e	. . . . .	et DB'.	et B''B'.
* 137	6^e	. . . . .	$\sin. \alpha = Rq$.	$\sin. \alpha = \frac{Rq}{\omega}$.
137	. . . . .	13^e	$-f'\,W\sin.\varphi\cos.\alpha.$	$-f''\,W\sin.\varphi\cos.\alpha.$
138	. . . . .	16^e	la direction incidente.	la vitesse incidente.
141	12^e	. . . . .	conduisant à des droites.	ce sont des droites.
* 142	. . . . .	13^e	varie assez pour . .	varie assez peu pour.
145	8^e	. . . . .	$\frac{Q}{m}$.	$\frac{Q}{M}$.
158	15e et 16^e	. . . . .	que nous indique-rons plus loin com-me représentant	DB qui représente.

Fig. 3.

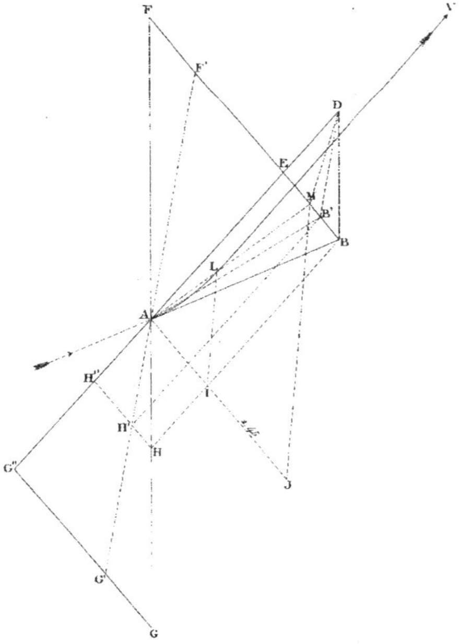

Fig. 2.

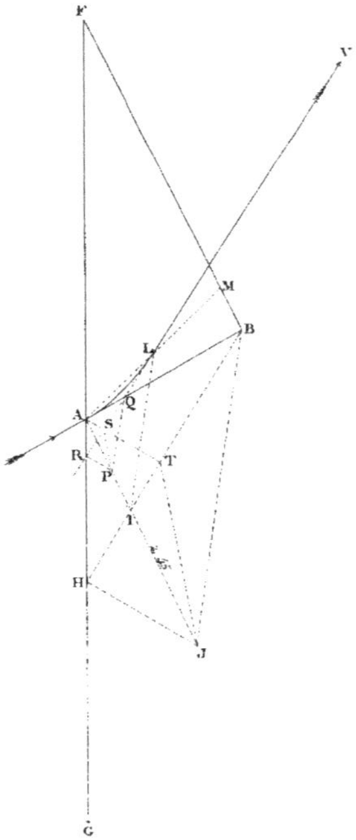

Fig. 1.

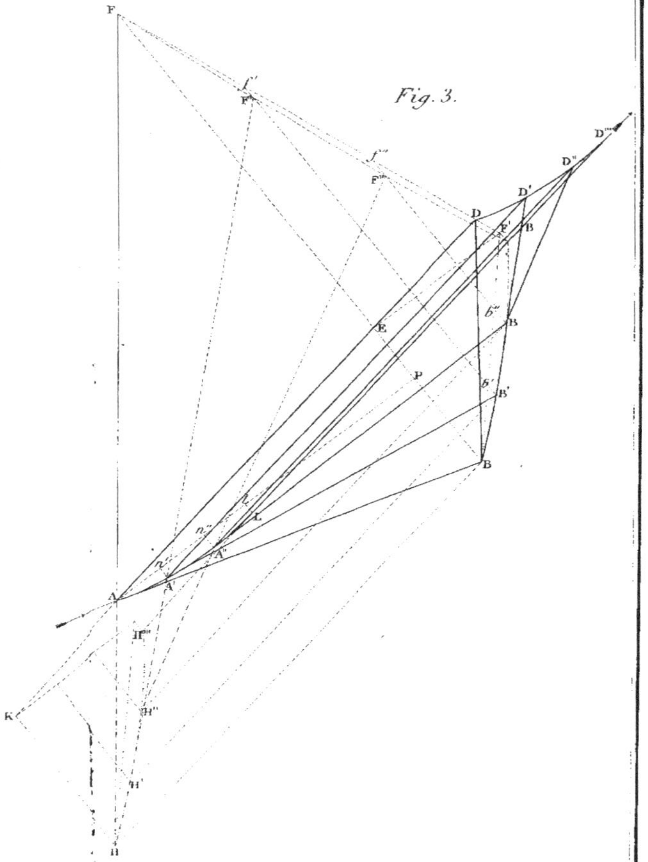

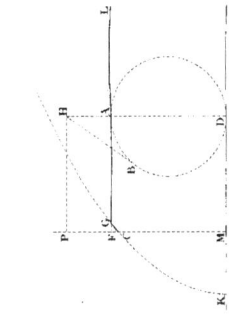

Fig. 4.

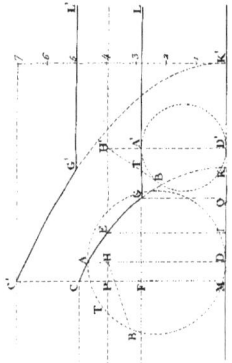

Fig. 6.

Fig. 5.

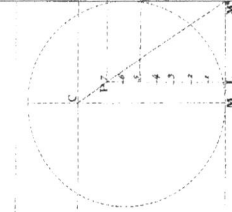

Fig. 7.

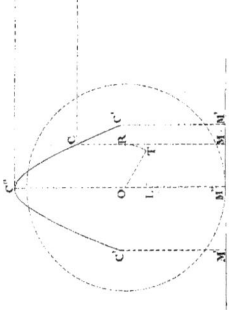

Fig. 8.

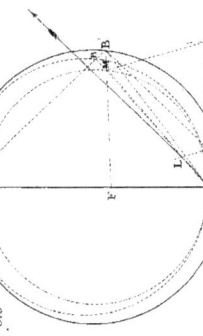

Fig. 9.

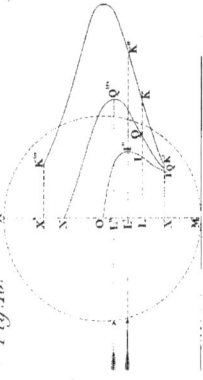

Fig. 10.

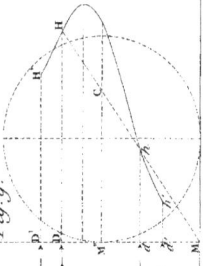

Fig. 14. bis

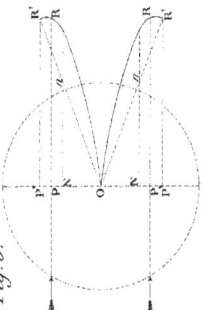

Fig. 11.

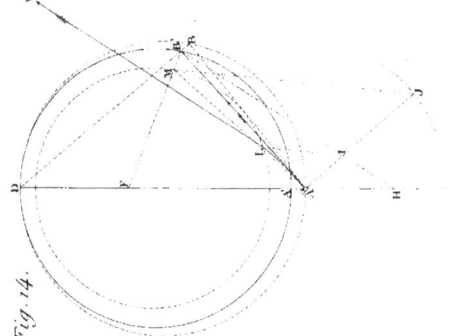

Fig. 12.

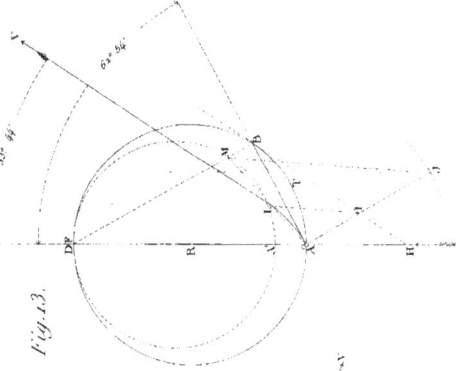

Fig. 13.

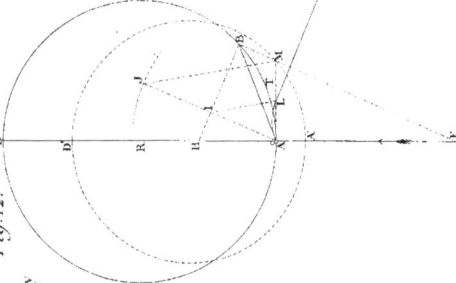

Fig. 14.

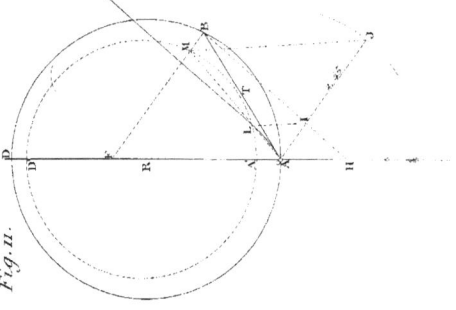

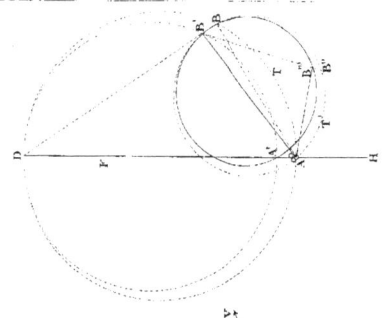

Fig. 18.

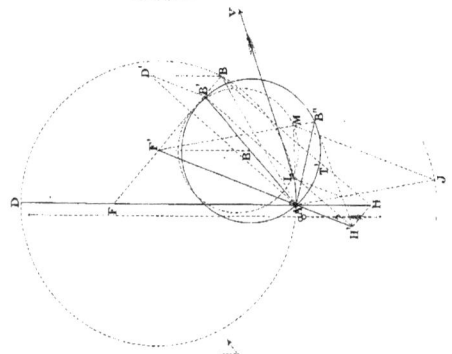

Fig. 17.

Fig. 16.

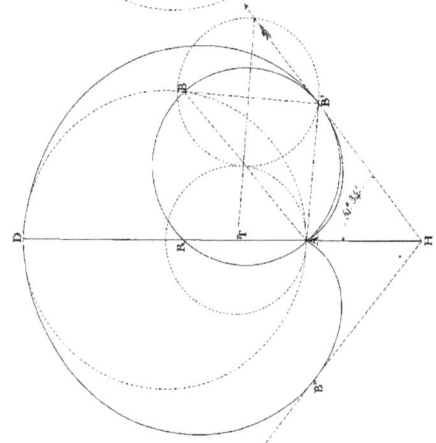

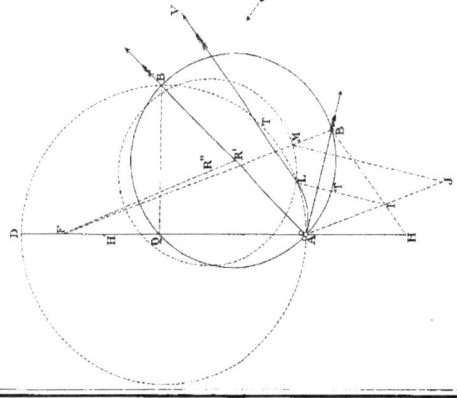

Fig. 15.

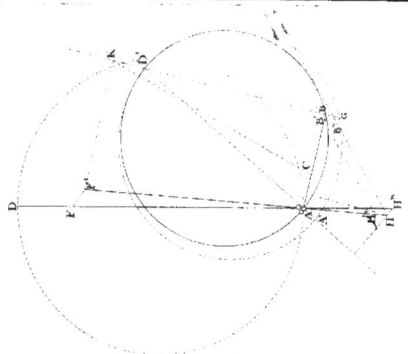

Fig. 22.

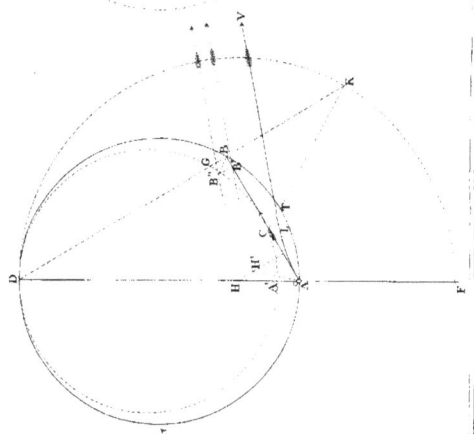

Fig. 21.

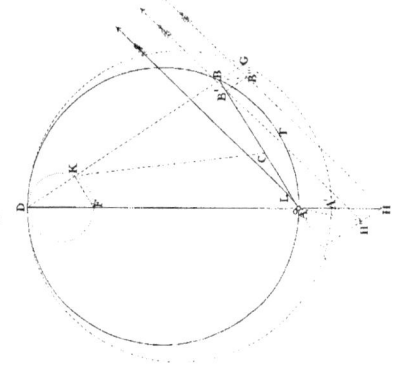

Fig. 20.

Fig. 19.

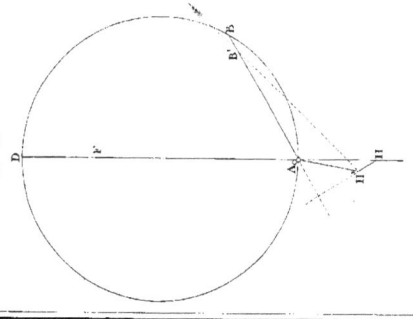

Fig. 23.

Fig. 24.

Fig. 25.

Fig. 26.

Fig. 27.

Fig. 28.

Fig. 29.

Fig. 30.

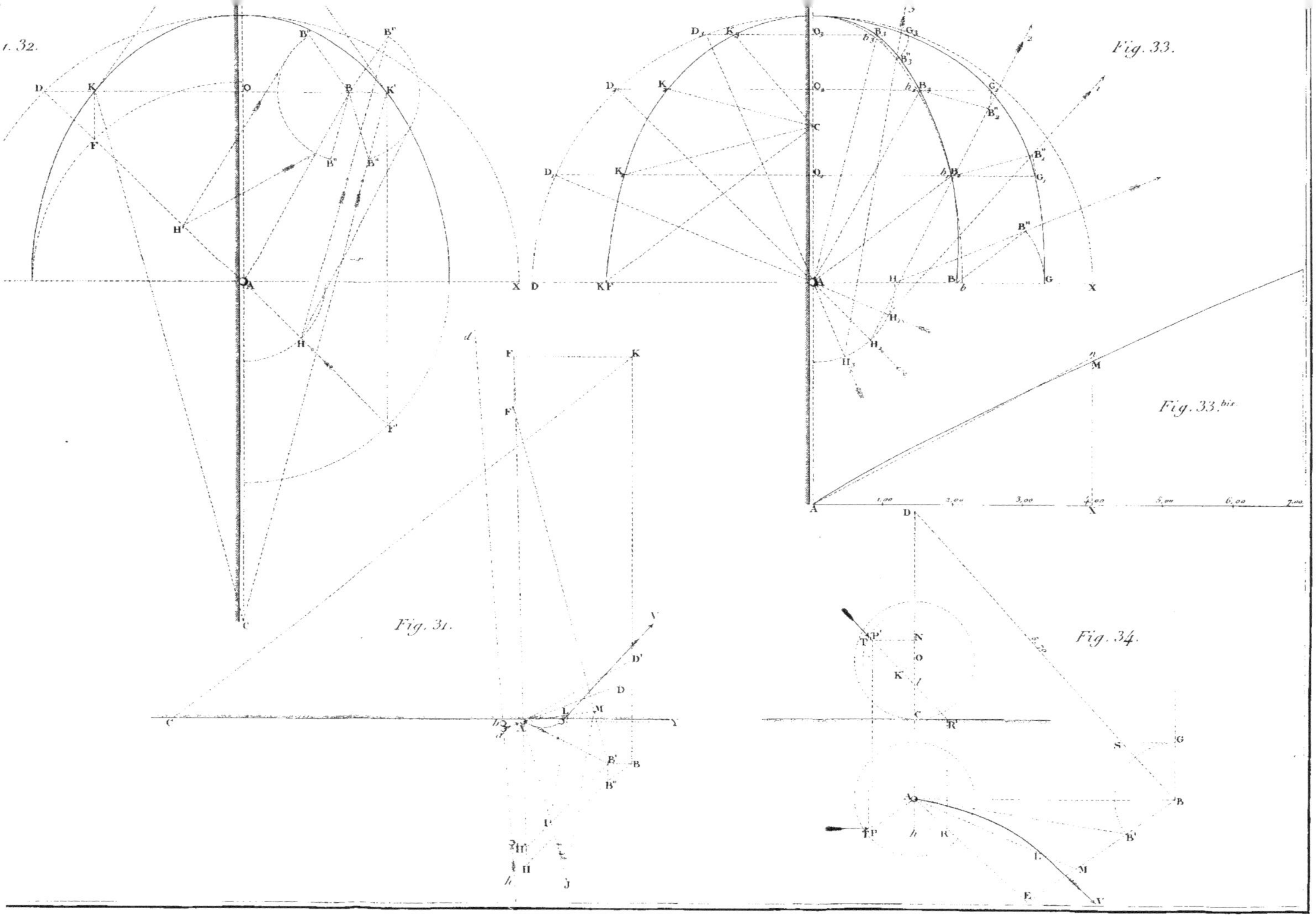

Fig. 32.

Fig. 33.

Fig. 33.bis

Fig. 34.

Fig. 31.

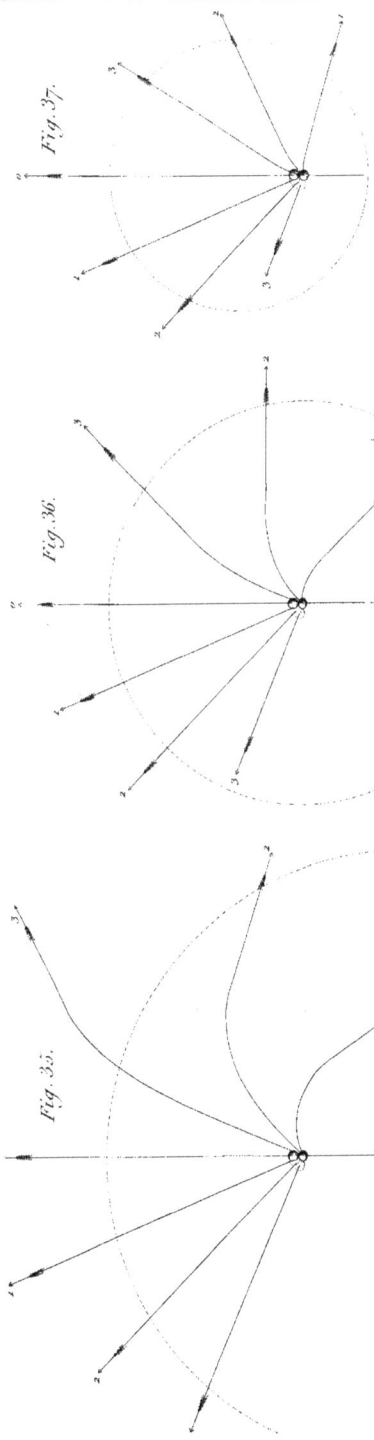

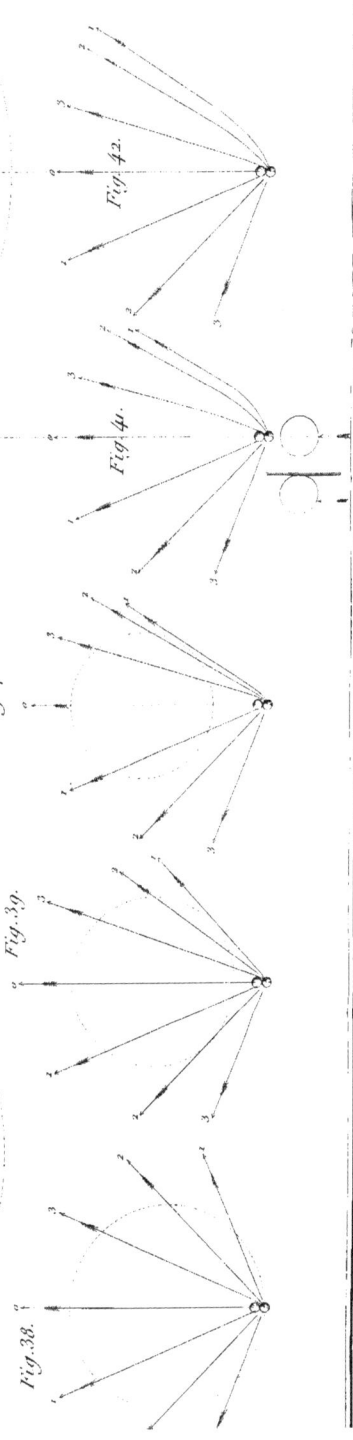

Fig. 37.

Fig. 36.

Fig. 35.

Fig. 38.

Fig. 39.

Fig. 40.

Fig. 41.

Fig. 42.

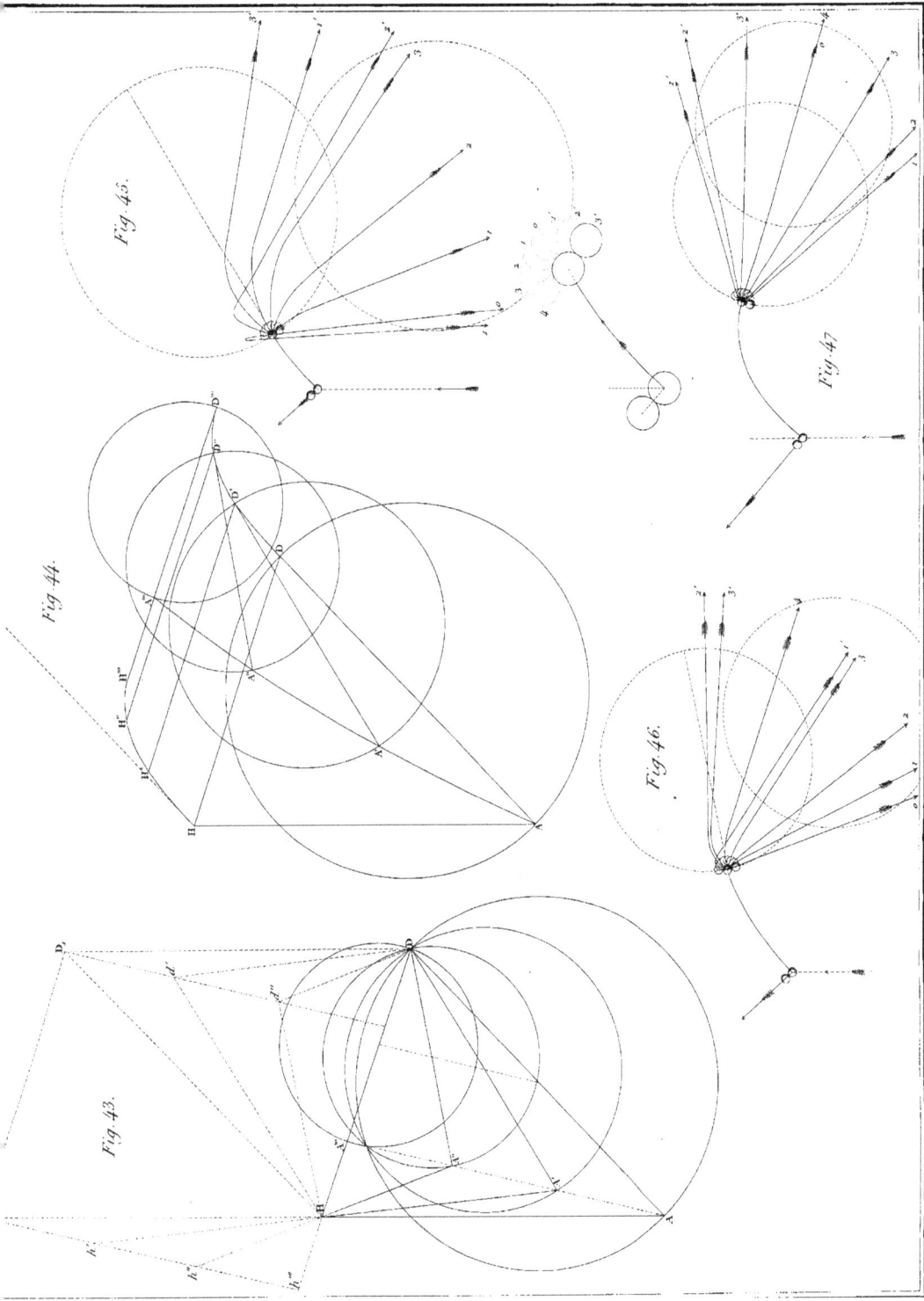

Fig. 45.

Fig. 44.

Fig. 43.

Fig. 46.

Fig. 47.

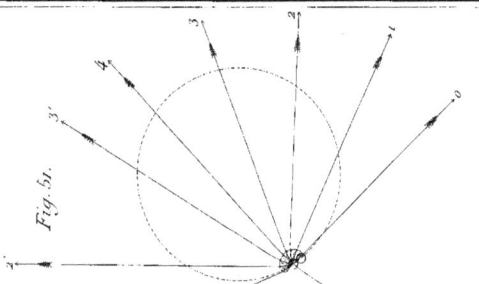

Fig. 51.

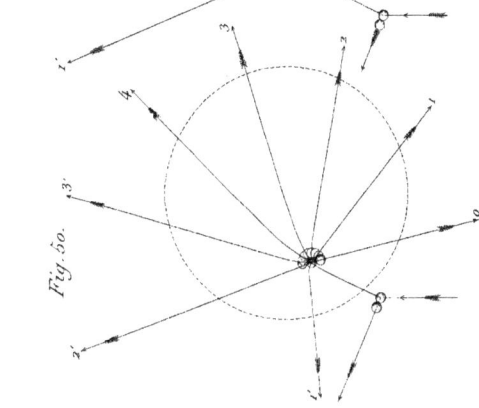

Fig. 50.

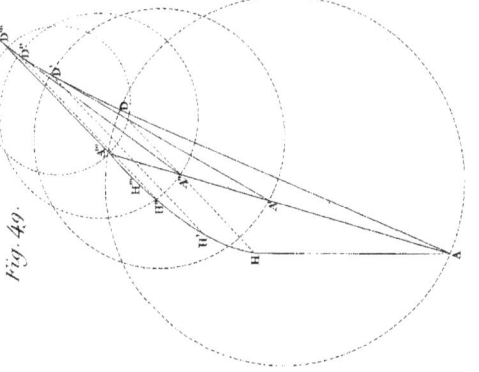

Fig. 49.

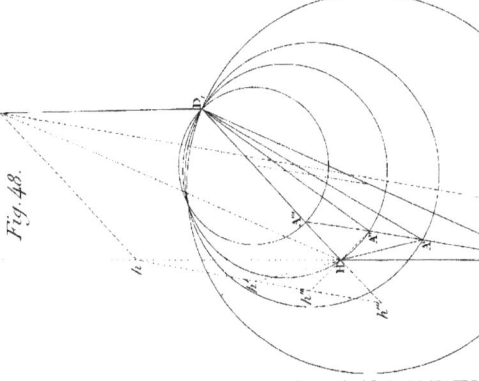

Fig. 48.

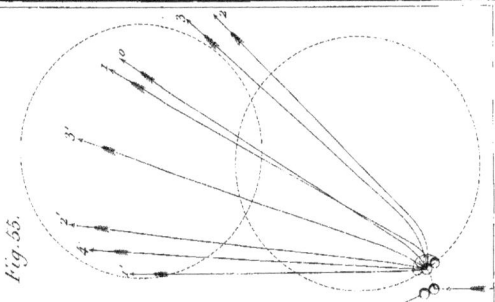

Fig. 55.

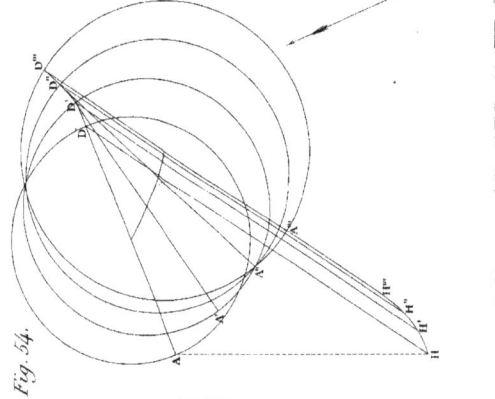

Fig. 54.

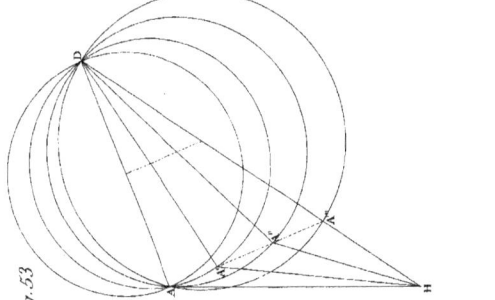

Fig. 53.

Fig. 52.

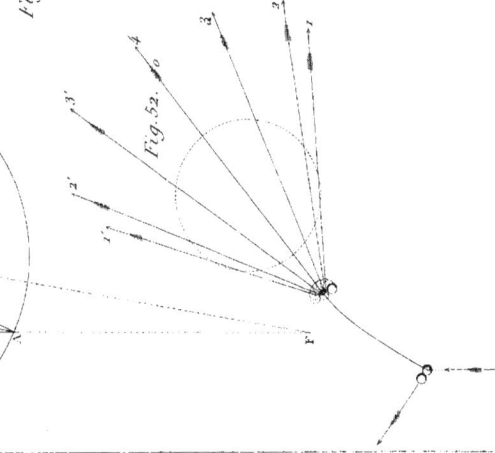

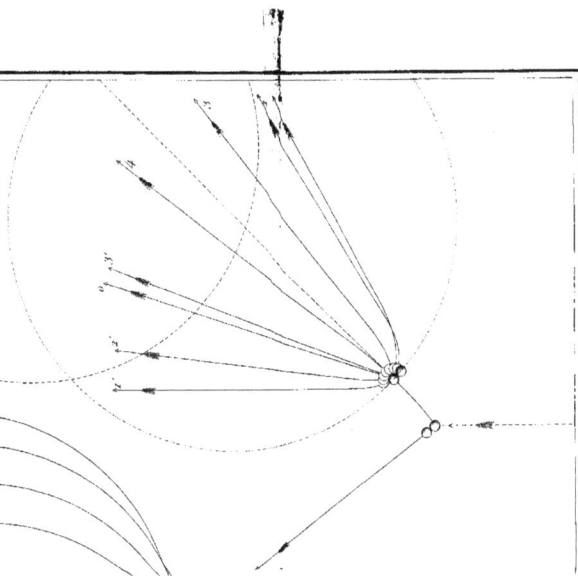

Fig. 58.

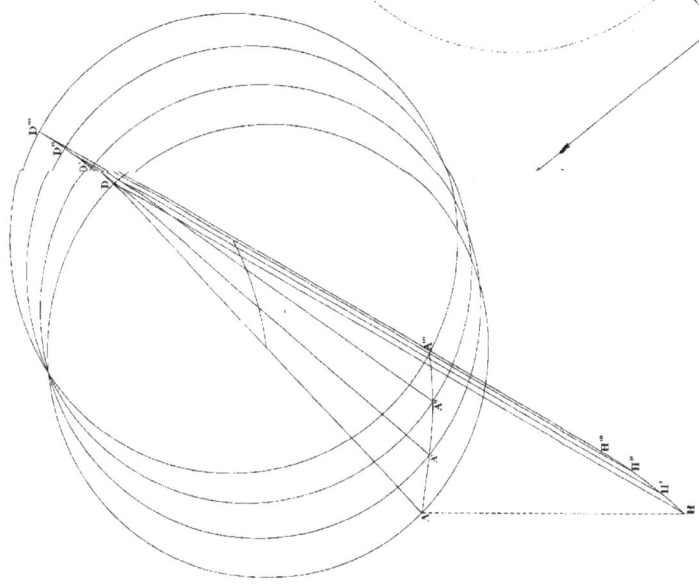

Fig. 57.

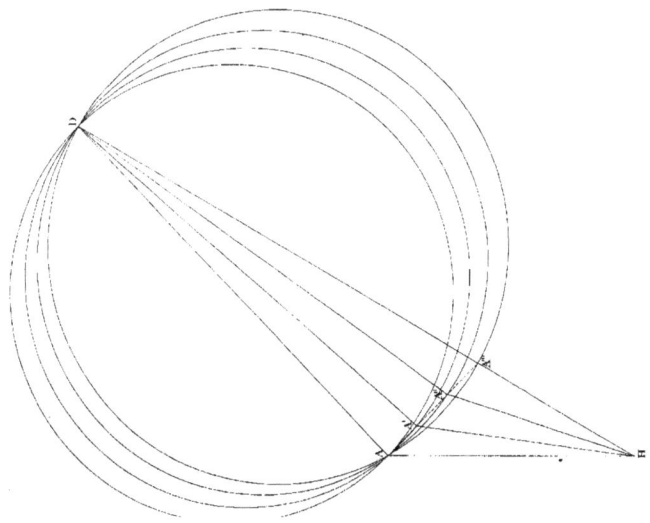

Fig. 56.

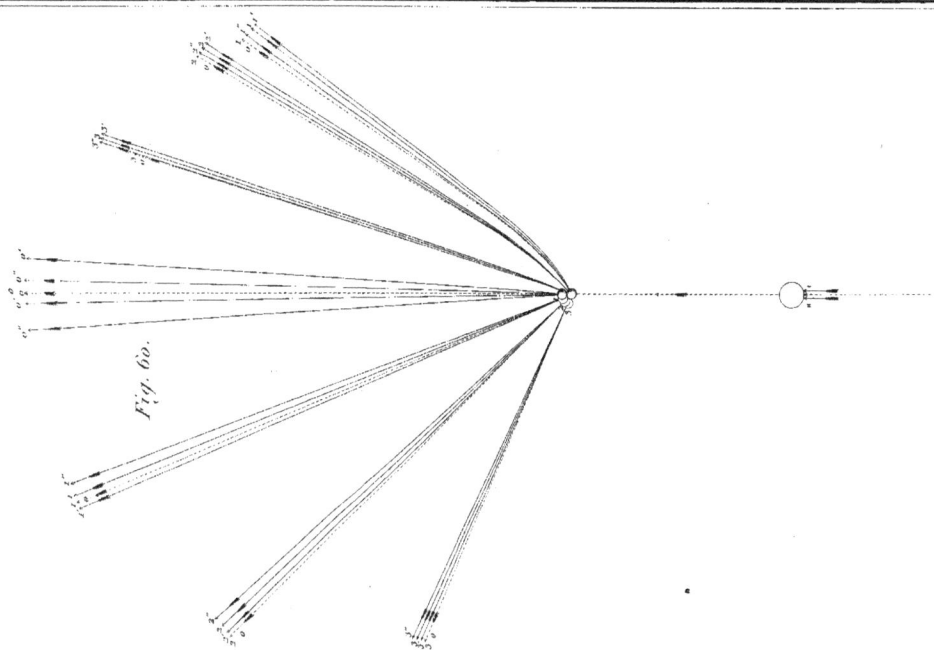

Fig. 60.

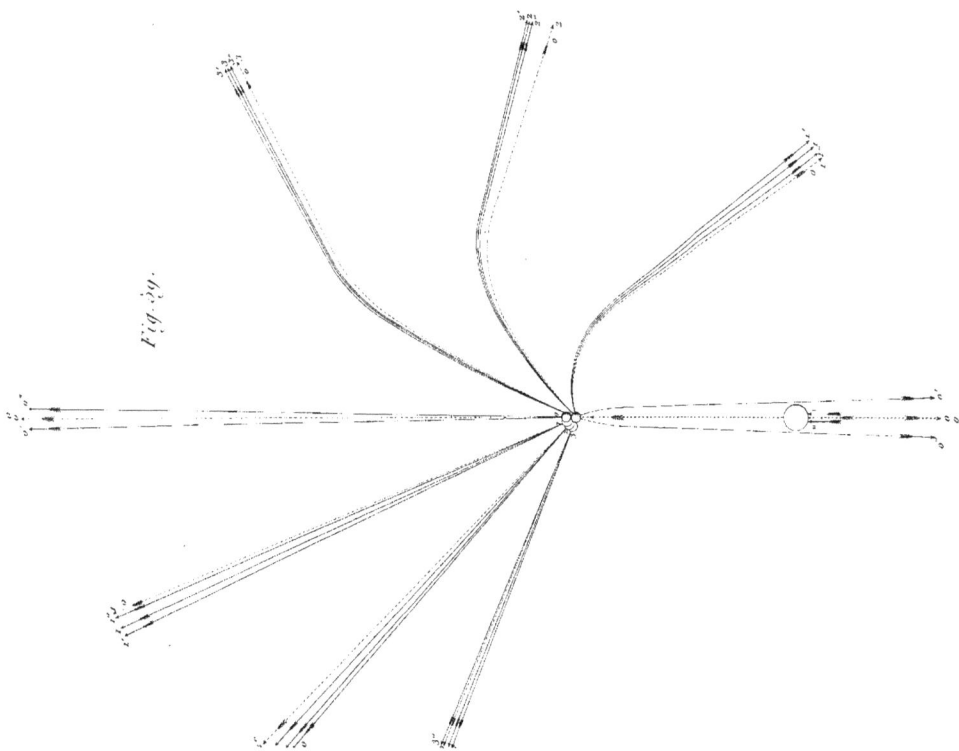

Fig. 59.

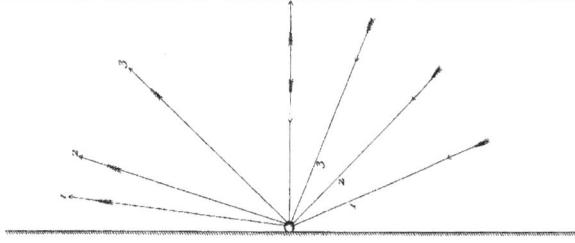

Fig. 64.

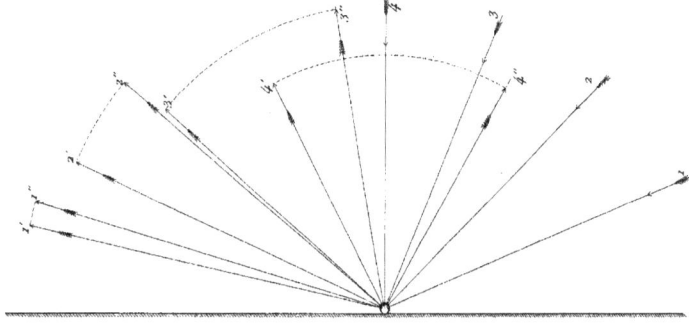

Fig. 63.

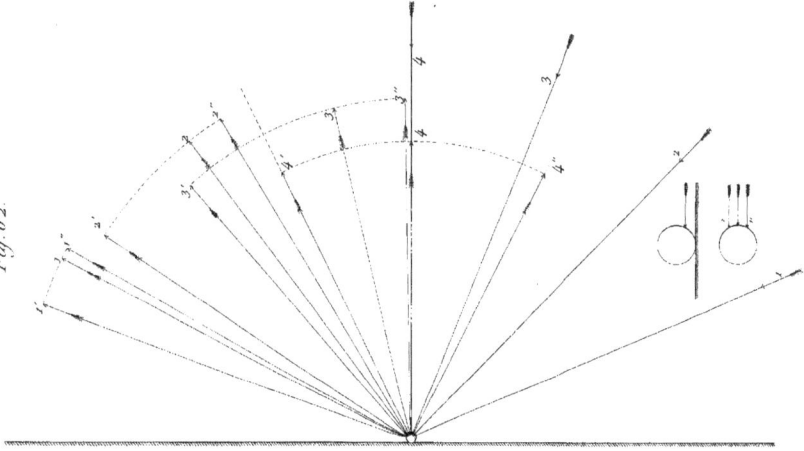

Fig. 62.

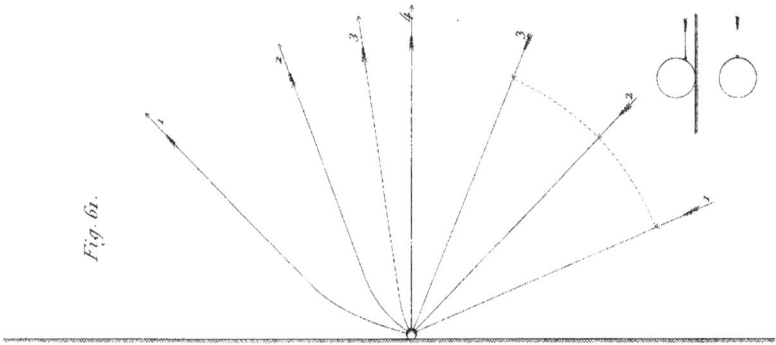

Fig. 61.

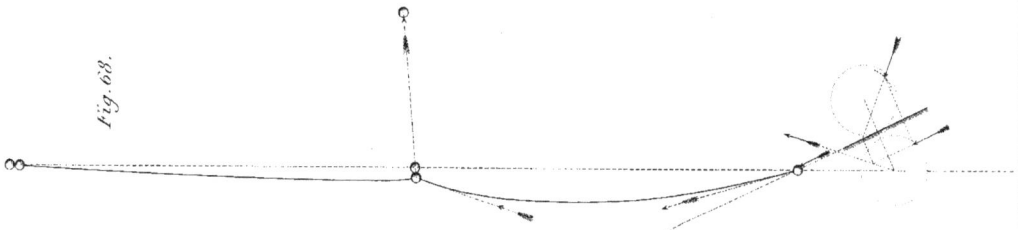

Fig. 68.

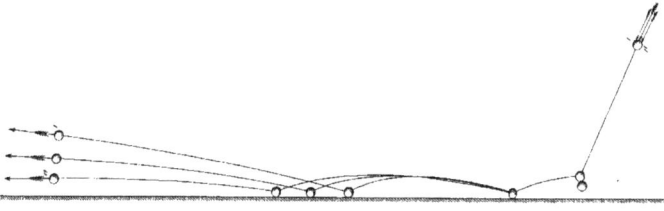

Fig. 67.

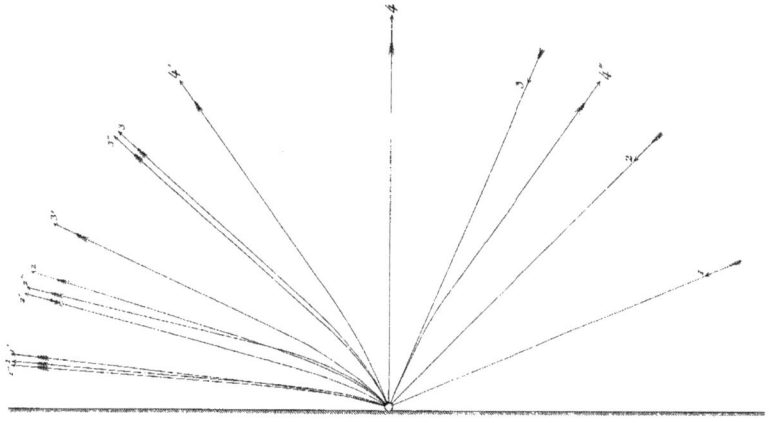

Fig. 66.

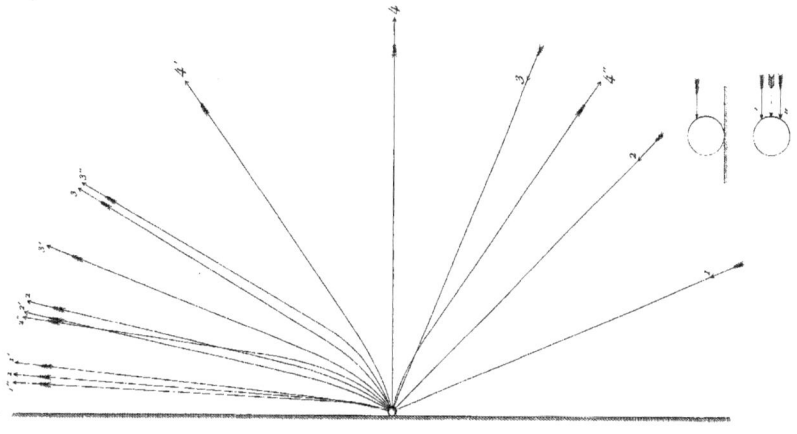

Fig. 65.